安徽科技学院2018年中青年学科带头人项目资助
2021年度安徽高校自然科学研究重点项目KJ2021A0894资助

多机器人协调控制方法与应用

齐雪◎著

安徽师范大学出版社
ANHUI NORMAL UNIVERSITY PRESS
·芜湖·

图书在版编目(CIP)数据

多机器人协调控制方法与应用 / 齐雪著. —芜湖:安徽师范大学出版社,2022.9
ISBN 978-7-5676-5871-4

Ⅰ.①多… Ⅱ.①齐… Ⅲ.①机器人群控作业—研究 Ⅳ.①TP24

中国版本图书馆CIP数据核字(2022)第168814号

多机器人协调控制方法与应用　　齐　雪◎著

责任编辑:吴毛顺　　责任校对:孔令清
装帧设计:张德宝　冯君君　　责任印制:桑国磊
出版发行:安徽师范大学出版社
芜湖市北京东路1号安徽师范大学赭山校区
网　　址:http://www.ahnupress.com
发 行 部:0553-3883578　5910327　5910310(传真)
印　　刷:苏州市古得堡数码印刷有限公司
版　　次:2022年9月第1版
印　　次:2022年9月第1次印刷
规　　格:700 mm ×1 000 mm　1/16
印　　张:10.75
字　　数:193千字
书　　号:ISBN 978-7-5676-5871-4
定　　价:35.80元

前　言

地球拥有巨大的水资源，深海探索一直是人类孜孜不倦努力的方向．我国“十四五”规划和2035年远景目标纲要中强调要积极拓展海洋经济发展空间，高效利用海洋资源，这就需要先进的科学技术来支撑．深海探索涉及范围广、任务难度大、未知因素多，包括海底地形地貌绘制、海底管道管线铺设及维护、海洋生物资源及矿物资源的勘探和开发、海洋生态环境监测和保护、水下工程及军事项目的开发等．由于深海环境复杂，人类直接潜入进行作业风险高、难度大，所以需要智能性高、操作方便、节能环保的水下机器人．同时，多个智能机器人协调工作可以提高工作效率、降低能源成本、降低出错概率、减小误差等．鉴于多智能体协调工作的上述优势，研究协调控制方法及其应用就显得尤为重要．

本书以智能体水下机器人为研究对象，充分考虑到水下环境的强干扰性，通信约束的限制，多机器人运动系统的强非线性、耦合性、欠驱动性、不确定性，以及避碰、路径规划、高效协调、节能环保等问题，基于先进的协调控制理论研究了多智能体协调控制问题及其应用．

本书的架构及内容概要如下：

1.概括性地介绍水下机器人的研究背景和研究意义

通过对机器人用途的分类，阐述了民用机器人的种类和主要配置，以及关键的控制问题；同时，介绍了军用机器人的发展进程及其主要控制任务．另外，从国内和国外两方面分别介绍了广大学者对于机器人研究的历史性成果及产品参数，着重对智能体机器人的协调控制系统进行详细介绍．从机器人自身的动态系统，分析了其耦合性、非线性、不确定性、非完整性、干扰存在等特性；从运动控制的角度，阐述了协调控制的关键问题、相应的解决方案，以及这些方案的优缺点及其实际应用效果等.

2.对于欠驱动水下机器人,同时考虑其路径跟踪控制问题和协调编队控制问题

引入Serret-Frenet目标参考坐标系,该坐标系的原点设定为期望的路径跟踪点,基于此坐标系建立路径跟踪误差系统模型,并基于此系统进行路径跟踪控制器设计.鉴于驱动控制力设计时需要考虑合速度为零的情况,因此将驱动力设计为分段函数形式,这样既避免了系统的奇异性问题,又具有可操作性.当单个机器人都能沿着指定路径运动时,我们再进一步考虑多机器人的队列保持问题,因为良好的队列队形可以提高团队协作效率.为了实现编队控制效果,我们可以依据每个机器人的运动轨迹特点来调节速度,让机器人之间形成一定的相对距离和相对位置、姿态,从而达到编队效果.路径跟踪子系统与协调控制子系统组成一个级联系统,通过理论证明系统稳定性及仿真效果分析,说明控制器的有效性.

3.基于滤波反步法设计多机器人系统的协调控制器,该控制器具有严格的解析形式和稳定性分析结果

通过编队要求,即机器人之间需要保持的相对距离和相对位置、姿态,建立编队误差动力学系统,引入一个二阶滤波器来计算虚拟控制量及其导数,从而避免了传统反步控制方法中对虚拟控制量的求导运算,减少了计算的复杂度.我们将滤波反步法与传统反步法进行理论分析和仿真效果的对比分析,对于维度高、水动力系数复杂、外部干扰频繁的水下机器人来说,滤波反步法有较好的控制效果.

4.介绍水下三维空间中带有时延的协调控制器设计思路

引入半张量积运算来解决高维度大数据的计算问题,基于k值逻辑动态系统设计出最优环,即机器人迭代的最优路径.在此路径基础上,利用定点控制方法设计机器人的控制力及力矩,从而实现多机器人协作追捕的任务要求.最后,通过稳定性分析和仿真效果来说明控制器的有效性.

5. 介绍博弈论框架下带有时延的协调控制器设计方案

每一个机器人选择相应的策略是其受对手影响而累积的经验概率决定的.基于经验概率,设计策略的代价函数,在势博弈理论基础上选择最优策略,达到代价函数最小化的状态.基于选定的最优策略,采用视线角导航的定点控制方法,设计驱动力和力矩,实现多机器人在时延存在条件下的动态追捕任务目标.

6. 介绍基于非线性小增益理论的协调控制器设计方案

建立多机器人编队误差动力学模型,进行非线性编队控制律设计.基于小增益理论证明控制系统的稳定性,并结合仿真实验进一步验证控制器的有效性.

智能体水下机器人协调运动控制问题具有广泛的实际应用价值,是一项意义深远的工作.机器人自身运动情况复杂,加上水下环境的多变、未知和不可预测性,使得智能体水下机器人协调运动控制还有许多亟待解决的问题.

(1)本书研究了Serret-Frenet坐标系下智能体水下机器人路径跟踪控制问题,控制器设计采用全状态(位移、速度)反馈.出于对节约成本和减轻重量的考虑,同时克服过多测量装置带来的测量误差和测量噪声,如何仅采用机器人的位置和姿态角变量,无需引入线速度和角速度变量进行控制器设计是一个值得研究的问题.特别是在存在速度规划目标的条件下,如何使用输出反馈进行控制器设计也是一项挑战.

(2) 水下通信较陆地通信质量差、时延大、距离短、限制多,因此加大了多机器人之间编队协调控制的难度.本书仅考虑存在通信缺失和均匀时滞情况下的协调控制问题.更加复杂的通信情况,如网络拓扑为单、双向混合时变链接,存在时变通信时滞,通信误码,通信包丢失,通信噪声,通信故障冗余等,对于它们的研究将是下一步的工作.

(3)目前的工作仅限于理论研究和计算机仿真实验阶段,还没有通过海上试验验证,这也是未来将要开展的工作.

目　录

第1章　绪　论

1.1　研究背景及意义

我们生活的地球，近71%表面被海洋覆盖，海洋面积约有3.6亿平方千米．海洋与人类生活密切相关，它直接或间接地影响着人类的社会、科技、军事和文化发展．同时，海洋影响人类的生存环境和气候变化，对生物的种类、繁殖、进化有很大的影响．海洋是地球生态系统的一部分，对于海洋的认识、保护、开发和利用成为人类的核心工作之一．从对海洋的认知这一角度来看，人类的使命任重而道远，困难主要来自海洋的广阔性与纵深性，以及人类所能借助的工具的有限性．人们在认知海洋方面从来没有停止过努力，为了能看清纵深水域的海底状况，人们发明了先进的海洋观测工具；为了打破海洋对人类空间距离的阻拦，人类发明了水下作业工具和运载工具；另外，各国为了保护各自的领海，还发明了水下侦查工具和水下武器．在这些应用工具当中，水下机器人以其较高的性价比脱颖而出，成为应用最为广泛的海洋探测工具之一．早在20世纪80年代，水下机器人的成品便产生了．随着科技的发展，从材料的选择、动力的供给、装置的配备到路径规划、自适应运动等，水下机器人都得到了迅速的发展．现在，配置精良的水下机器人可以完成许多难度高、复杂程度大的任务，如深海观测、搜索、定位、捕捞、维修、管线铺设、资源勘探、生物样本采集等．全球范围内，有越来越多的公司、科研院所投入大量的人力物力进行水下机器人的研发．水下机器人不仅是人类认识海洋的主要工具，同时它也成为国防的重器．人类利用机器人认识海洋、开发海洋，同时也依赖机器人保护海洋、维护和平．

下面，我们主要从两方面来具体阐述水下机器人的用途．

民用方面,配备摄像装置的机器人可以进行水下地形地貌和生物种群的观测,从而为搜救工作和观测工作提供了便利;配备测量装置的机器人可以进行海底地图描绘,从而为路径规划和水下管线铺设工作提供了方便;配备传感器的机器人可以收集水下资源数据,从而为海底资源勘探提供了前提条件.

军用方面,配备长续航动力装置的水下机器人可以长时间单独执行任务,更适合执行一些危险的、复杂的和不可控的任务,如进入未知区域、极寒区域、复杂水域或者敌方进行侦察、甄别信息、锁定目标、俘获目标等.因此,水下机器人已经成为一种重要的海军军事装备.由于水下机器人制造的灵活性,人们可以尽可能地将其体积缩小,使其外表坚固抗打击,从而减小其物理场强,以便让它们执行更加隐蔽的任务,如近敌侦查、排雷、通信、导航等.另外,还可以利用机器人的可重组性进行协调作业.

鉴于水下机器人丰富的民用属性和强大的军事用途,很多国家都投入了大量的人力物力对其进行研发.20世纪80年代,我国开始水下机器人研究,在起步晚的不利条件下实现了快速发展.早在20世纪70年代末,蒋新松院士率领科研人员进行机器人的研究与开发工作,设计完成了“海人一号”机器人.蒋新松院士积极倡导技术引进和国际合作,与团队成员共同努力,分别完成了300 m有缆机器人和1 000 m无缆机器人的设计与研发工作[1].1997年,“CR-01”型水下机器人研发成功.该机器人外观如图1.1所示.其可下潜最大深度为6 000 m,为科学家向纵深水域拓展研究提供了帮助.该机器人的主要指标参数如表1.1所示.

图1.1 “CR-01”型水下机器人

“CR-01”型水下机器人为无缆自主水下机器人,其上载有摄像装置、计测装置、数据采集及分析装置，是一个多功能的水下智能体，可以同时完成数项复杂任务.

表1.1 “CR-01”型水下机器人主要指标参数

指标	长度/m	宽度/m	高度/m	质量/kg	潜深/m	航速/节	续航/h	定位精度/m
参数	4.374	0.8	0.93	1 305.15	6 000	2	10	10～15

上海交通大学组建了船舶海洋学院，致力于对水下航行器进行研究与开发. 船舶海洋学院设计研发了大量实用型水下航行器[2]. 根据功能的不同，我们将其主要产品列举如表1.2所示：

表1.2 上海交通大学船舶海洋学院水下机器人主要产品

功能	水下作业	远程观察	水下检测	电缆埋设
型号	SJT-40	SJT-5	JH-01	ML-01

哈尔滨工程大学设有水下机器人技术重点实验室，在海洋潜器的研发上他们倾注了大量的心力，培养了大量的相关方面人才，主要研究成果几乎覆盖了水下潜器的各主要问题，包括驱动装置设计、导航仪器设计、近水面减摇控制、单个机器人路径规划与路径跟踪控制、多机器人协调控制等. 在理论研究的同时，还与科学实践相结合，完成了从理论到实践的跨越. 目前，设计完成的多台机器人已成功进行了水池试验和海上试验[3].

下面对国外研发水下机器人的主要国家和机构做简要介绍：

2009年，位于美国的伍兹霍尔海洋研究所(Woods Hole Oceanographic Institution)成功设计并研发了“海神号”机器人. 该机器人能够下潜到11 000 m，并且能够执行规划好的任务，如搜索、定位、观测、绘制海底地图、传输数据等(如图1.2所示).

图1.2　美国“海神号”水下机器人

加拿大约克大学与达尔豪西大学联合研发了“AQUA”水下机器人.该机器人配备了六个脚蹼,人们可通过电脑控制其运动.机器人身上配备的传感器可以收集数据,完成救援和打捞的前期工作,如图1.3所示.

图1.3　加拿大“AQUA”水下机器人

俄罗斯Indel-Partner公司研发了“Super GNOM 2”水下机器人,如图1.4所示.该机器人结构紧凑,前端配置照明装置和摄像装置,具体配置参数如表1.3所示.该机器人性价比高,应用广泛.

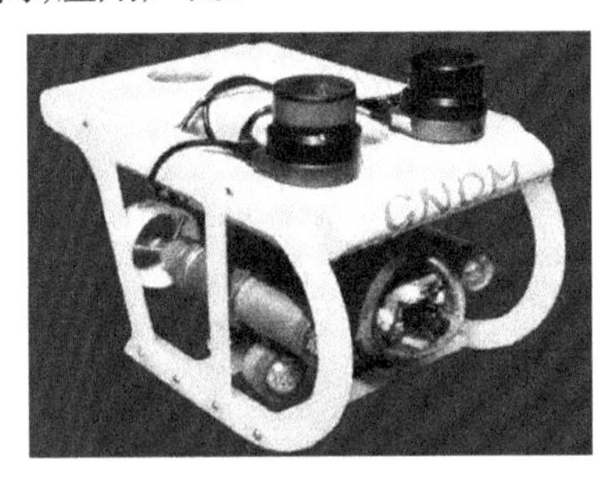

图1.4　俄罗斯“Super GNOM 2”水下机器人

表1.3 俄罗斯"Super GNOM 2"水下机器人配置参数

配置项或性能指标	配置项或性能参数
推进器	4个磁耦合推进器
电源	230 V交流电,12 V直流电,留有电池空间
防水设备	整个系统安装在两个防水箱中
脐带电缆	超薄柔软凯夫拉材质,直径3 mm,最长300 m
摄像机	1/3英寸超级HAD CCD彩色摄像机,44万像素,480线,最低照度0.5 lux,数字变焦
照明	4个超亮LED灯组
数据显示	数据显示在显示器上
工作深度	150 m,最大深度250 m
航速	最大3节
功率	总功率200 W
深度控制	深度传感器,自动深度模式
重量	ROV重4 kg,整个系统重22 kg
尺寸	310 mm × 180 mm × 150 mm

图1.5、图1.6分别是德国双臂水下机器人、深海油气开发型水下机器人.

图1.5 德国双臂水下机器人

图1.6 深海油气开发型水下机器人

水下机器人是智能化、仿生化程度极高的机器，其支撑技术涵盖了众多学科，包括材料学、流体力学、水声通信技术、控制学、数学等. 这些先进的科学知识汇集在机器人身上，使得机器人成为学术研究与科研实践的重要对象. 本书聚焦多智能体水下机器人的协调控制问题，即在单个机器人运动控制的基础上，考虑多个机器人的编队问题、动态避障问题、围捕追逃问题等；同时考虑机器人自身的欠驱动性和水声通信的局限性约束，所设计的控制方法更具有水下可行性，如图 1.7 所示.

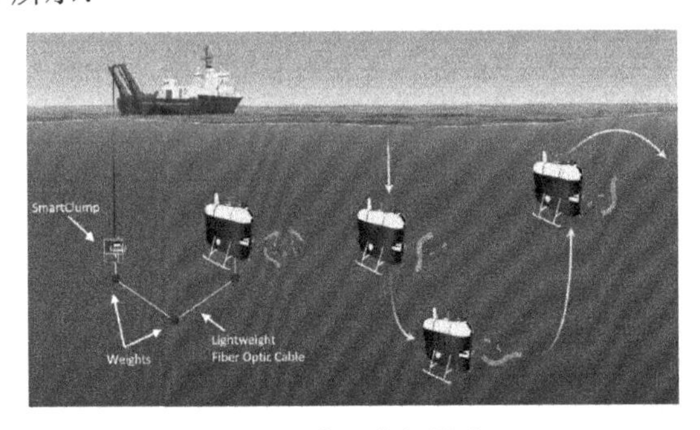

图 1.7　水下多机器人

与单个机器人的运动控制相比，多个机器人的协调控制问题难度更大，操作程度更加复杂[4-6]. 技术的发展与进步，对机器人的控制效果提出了更高的要求和更新的标准[7-9]. 一个机器人在完成任务过程中有很多局限性，如燃料不足导致的行程问题，内存不足导致的数据存储问题，配置不完备造成的工作失效，任务涉及的水域广泛所造成的效率低下等[10-12]. 为了克服这些问题，增加机器人数量是一个不错的选择[13-15]. 近年来，多机器人的协调控制问题成为学术研究的前沿和热点[16-18]. 学者们希望多个机器人在运动的过程中能够达到一种高效和谐的状态[19-21]，即多个机器人能够以一定的任务分配形式进行工作，从而更快更好地完成任务，达到 1+1 远远大于 2 的效果，实现高效性[22-24]. 另外，机器人之间要避免出现任务分配混乱、通信不畅、机器人丢失、碰撞、攻击等现象，从而达到多机器人之间和谐共生的美好局面[25-27]. 由于多个机器人身上可以配备不同的装置，从而可以弥补单个机器人资源的限制，通过多机器人之间的资源互补，可以增加工作种类、扩大业务范围、提升业务能力[28-30]. 当机器人团队合作完成一个任务指令时，对于每个机器人来说需要各自完成规划好的指令工作，该指令工作不仅具有局部控制效果，还有全局优化效果，从而可以大大缩短工作时间、提升工作效率[31-33]. 在整个系统中，如果个别机器人无法完成工作，

也可以调动附近的机器人来帮助和协作，从而增加了系统的可操作性和稳定性，提升了团队的执行力度．这种协作控制系统具有明显的大容错性、强鲁棒性和灵活性[34-36]．多机器人团队具有功能多样、资源丰富的优势，虽然机器人数量增加了，但是单个机器人的制作成本和制作难度大大降低了，从而使得整体性价比提升，并且具有切实可行性[37-39]．

在进行多机器人的运动控制时，以往的控制目标是让机器人之间保持一定的距离和方向，或者根据时间与地形的变化来改变相对位置关系[40-42]．如果通信环境变化无常、通信状况失控，或者领航机器人失联，我们就很难保证机器人能够获得足够的信息进行队形保持或者队形变化工作．如果我们要求机器人进行海底电缆或者管线的铺设和检测工作，就需要机器人沿着指定的路径运动，这些任务要求使得机器人自身的运动规划和控制变得十分重要[43-45]．所以本书在机器人自身路径规划与路径跟踪的基础上进行编队协调控制问题研究，并且考虑了水声通信的约束限制、外界环境的干扰以及模型的不确定性，具有一定的理论意义与实际应用价值．

1.2　多机器人协调控制系统

机器人能否顺利高效地完成任务，不仅取决于其自身的结构、材质、配备的装置、能源动力等硬件因素，同时与控制系统这种软件因素密切相关．要想机器人具有优异的工作性能，就需要控制系统具有稳定性，同时还要考虑机器人自身动力学的未知性、配置资源的有限性、外部环境的时变性、外界干扰的随机性和工作任务的复杂性[46-48]．下面从五个方面分别阐述机器人运动系统的特征．

1.耦合性

在水下三维空间中，机器人不仅以一定的线速度做平移运动，同时它也围绕着载体坐标系的轴转动，这就形成了机器人在六个不同维度上的复杂运动，即六自由度运动．另外，各自由度的运动并不是完全解耦的，它们彼此影响，甚至一个自由度的运动会同时受其他多自由度运动的影响，这些因素都需要在机器人的运动方程中体现出来，所以从机器人模型构造角度可以看出其运动的耦合性[49-51]．

2. 非线性

一般来说，机器人的模型中含有12个运动状态变量，它们分别为机器人六自由度运动的位置变量和速度变量. 其中，每一个变量的瞬时变化率都不是常数，也就是说，每一个决定变量关系的方程都不是线性的. 由这种变量的增量不对称性所体现的系统就具有了非线性的特征[52-54].

3. 不确定性

机器人运动的复杂性和外部环境的时变性，导致机器人动力学建模难度大大提升. 在海洋环境中，水动力特性与机器人运动之间有着很大的关联性. 用于刻画水动力特性的参数众多(100多个[1])，这些参数被统称为水动力系数. 水动力系数在定性和定量方面都存在很大的困难. 定性方面，众多的水动力系数彼此之间存在着一定的物理影响和耦合特征，通常情况下我们会对模型进行简化，但是影响水动力系数的一些重要因素不能简化，如机器人的大小、质量、外形、材质，驱动装置的类型、数量、运动速度、加速度，外部水域的经纬度、温度等. 定量方面，确定众多的水动力系数值是一项困难的工作. 某些影响水动力系数的重要因素不是恒定的，如运动状态、外部环境的物理特征和化学特征等，从而对于水动力系数的影响也是时变的. 这就导致了机器人的运动系统具有很强的不确定性[55-57].

4. 非完整性

在水下三维空间中，机器人进行六自由度运动，从控制的必要性和节能的角度来看，用于控制这六自由度运动的驱动装置一般来说不会配备齐全，即控制力及力矩的种类要少于机器人的运动维数. 通常情况下，机器人没有横移方向(沿载体坐标系y轴方向)的驱动力，也缺少垂直方向的驱动力. 因此，在这两个维度上无法做瞬时加速运动，从而限制了机器人运动的灵活性. 但这不会影响机器人的运动性能和目标可达性. 通常情况下，机器人会配备径向推进器来提供前进动力，从而产生瞬时速度和加速度. 同时，机器人还会配备水平舵来提供下潜和上浮的转动力矩，从而使得机器人完成垂直方向的运动. 另外，机器人会配备垂直舵来提供首摇方向的转动力矩，从而实现径向及横向的自由运动.

因此从机器人的运动维度角度可以看出,机器人的运动系统具有非完整性.但是,通过必要的配备仍然可以实现机器人的灵活运动,从而实现控制目标的可达性.非完整性还包括系统中用于控制的信息的反馈种类和数量.机器人进行六自由度运动时,六个维度上的位置、角度、线速度、角速度、加速度等信息需要反馈给控制器进行控制力和力矩的设计与输出.要想实现这些信息的完全反馈,就需要配备足够的定位装置、测速仪、陀螺仪、传感器等.但是,机器人在设计过程中还要考虑成本和质量约束,因此只能安装部分反馈装置实现部分信息反馈,从而增加了控制器设计难度[58-60].

5.复杂的外界干扰

海洋环境具有未知性和不可控性.从物理特性方面来看,海水的温度、盐度、深度是时变的,对机器人的运动系统参数会有影响.另外,海浪和海流的变化不可控,这也对机器人的控制有很大影响.从几何特征方面来看,机器人工作的海域广度可以延伸几百千米,深度可以下潜至几千米.随着下潜深度的加大,水动力系数也在发生改变.对于这些时变的参数系统,很难确定其精确的数学模型,从而造成了大量干扰信息的未知性和不确定性,增加了控制器设计的难度[61-63].

从以上介绍可知,智能体水下机器人自身的动力学特性很复杂,运动的水域环境又具有未知性,从而使得水下机器人系统的运动控制问题具有典型的非线性特点和强干扰特性.因此,可以将智能体水下机器人的运动控制问题归属为非线性系统控制研究范畴.所以,我们在进行控制器设计时,为了抵消外界干扰的影响和减弱水动力系数的不确定性给系统带来的影响,不仅要求控制律具有较强的鲁棒性和自适应性,还要保证误差动力学系统在原点处稳定.因此,如何选择适当的、先进的、复合的非线性控制方法进行机器人的运动控制就成为核心问题之一.

1.3 多机器人协调控制问题及研究现状

在水下三维空间中,相比于单个机器人的工作能力和工作效率而言,多智能体机器人系统凭借其空间分布的优势和所搭载的传感器种类丰富、数量充足的特点,能够高效率地完成水下复杂而艰巨的任务,如分布式海洋数据的观测、收集和处理工作,远距离、大范围区域的探测和搜索工作,水下分布式管线的检测与维护工作,围捕动态目标任务等. 因此,在未来海洋环境的开发与应用过程中,多智能体机器人联合工作、协调作战将成为必然的发展趋势. 越是复杂的海况、艰巨的环境,越能体现多机器人协作的价值与意义. 为了将多机器人高效协作工作的优势发挥出来,需要做好协调任务规划和协调控制律设计工作. 该工作不仅归属于工程技术问题,也是一个分布优化算法的数学问题,同时还是一个非线性控制问题. 因此,对于该问题的解决不仅具有工程应用价值,同时具有重要的数学应用价值和理论创新价值. 目前,关于此问题的研究虽然广泛但远未成熟,常用的、成熟的成果也是多从理论的角度进行挖掘和研究,因此,无论从理论研究的完备性出发,还是从实践应用的必要性出发,多机器人协调控制都具有极其重要的意义,已经成为当前机器人研究的热点问题之一。

1. 多智能体水下机器人优化协调问题是当前学者关注的热点

自20世纪90年代末,Curtin提出自主海洋水文采样网络[64](AOSN)的概念以来,多智能体水下机器人系统就引起了国际相关研究机构的关注.

(1)北美. 从20世纪90年代末开始,普林斯顿大学、麻省理工学院、蒙特利尔海洋研究所、伍兹霍尔海洋研究所等单位共同承担了AOSN项目[65]. 该项目于2000—2006年在蒙特利尔进行了三次大规模海上试验,试验表明多机器人在水下三维空间中协作互补地进行海洋数据采集具有高效性和可行性. 在AOSN项目基础之上,普林斯顿大学Leonard教授等结合人工势场法和虚拟机器人实体的概念,提出基于VBAP方法实现多智能体水下机器人的协同数据采样工作[66];Sepulchre等基于图论和非线性系统理论针对多智能体协同运动的一致性问题开展了研究[67];Paley将其相关研究成果应用到多水下滑翔机协调控制中,建立了集中式的控制系统[68];麻省理工学院Schmidt等利用多无人水下航行器系统开展了水下目标探测、定位与识别等技术的研究[69];Eickstedt等进一步对水下移动目标的观测与跟踪问题展开了一系列研究[70];Schneider等进行了面向多智能体水下机器人协作的水声通信协议的开发与设计[71].

(2) 欧洲. 2006—2009年,德国、法国、葡萄牙、英国等多家科研机构的研究人员开展了名为“未知环境下异构无人系统的协调与控制”的项目研究. 项目研究过程中,Ghabcheloo等基于李雅普诺夫方法研究了变拓扑结构下多智能体水下机器人协调路径跟踪同步稳定性问题[72];Pascoal等开展了多智能体水下机器

人协同任务规划方面的研究[73];向先波等开展了多无人水下航行器协同路径跟随技术的研究,并探讨了该技术在海底管道探测方面应用的可行性[74];Praczyk等基于神经网络和专家系统相关理论开展了基于多自主水下航行器的舰船保护系统研究,探讨了利用多自主水下航行器保护船只的可行性[75].

(3)日本.东京大学的水下航行器和应用实验室较早地进行了水下航行器的研究,开发了"淡探"自治水下机器人,并致力于对多水下航行器控制器和仿真环境的开发工作,已经开发出多自治水下机器人仿真系统,能容纳大量的自治水下机器人进行协作[76].

(4)中国.由中科院沈阳自动化所、中船重工702所、哈尔滨工程大学和中科院声学所等单位与俄罗斯合作完成了"CR-01" 和"CR-02"型水下航行器的研制.2011年,中船重工702所研制的世界最大潜深载人潜水器"蛟龙号"成功问世.同时,我国在多自治水下机器人的学术研究方面也取得了许多有价值的研究成果.哈尔滨工程大学水下机器人技术重点实验室的研究人员开展了多自主水下航行器体系结构、任务分配以及协调控制方法方面的研究[77];中科院沈阳自动化所的李一平和徐红丽等基于MAS理论研究了多自治水下机器人协作任务的分层式控制系统,并通过仿真实验验证了主从式自治水下机器人群导航方法的可行性[78-79];国家海洋监测设备工程技术研究中心的袁健等研究了多自治水下机器人的有限时间编队控制问题[80];西北工业大学的徐德民和刘明雍等研究了控制约束下的多自治水下机器人编队路径跟踪问题和协同导航技术问题[81-82];上海交通大学的冯正平等针对多自治水下机器人在海洋移动观测网络中的应用开展了多无人水下航行器覆盖控制技术以及编队控制技术的研究[83-84];北京大学的相关研究人员利用多机器鱼系统开展了基于市场拍卖机制的任务分配技术研究,并进行了协调推箱试验[85].

2. 从多智能体水下机器人协调作业的实际出发,提出工程适用性更强的分布优化算法是必然要求

(1)多智能体水下机器人之间的通信具有通信质量差、时延大、距离短、限制多的特点,研究分布优化算法必须考虑这些因素.

智能体水下机器人常常在复杂的海洋环境中工作,它们在水下航行时,主要依靠声呐通信系统进行信号传输,而水声通信经常遭遇通信失败、数据丢包、多通道时延等问题的干扰[86].另外,相比于陆上机器人,智能体水下机器人具有成本高、运行环境复杂、难以掌控的特征,故安全性和可靠性是水下机器人控制的首要考虑因素.智能体水下机器人控制系统的失败导致"死不见尸"几乎是必然的,但更严重的是会出现数据丢失、被他国盗取的灾难性后果[87].由于这些客观因素的存在,所以多智能体水下机器人的优化协调问题不能简单地等同于陆上机器人的协调问题,我们也不能轻易地套用现有的多智能体优化理论方法.

(2)智能体水下机器人的信息数据存储和计算能力是研究分布优化算法需要重视的一个因素.

智能体水下机器人在深海、远海自主作业时,数据传输的准确性、实时性非常重要,这关系到智能体水下机器人协调作业的成败.为了达到期望的良好控制效果,我们就必须考虑智能体水下机器人的信息计算能力和存储能力.然而由于海洋环境复杂,在智能体水下机器人采集的数据中,除了有效数据外,还含有大量的环境噪声.同时,由于存在数据丢失和时延等问题,所以在数据解算中需要进行必要的时延估计和噪声处理,这些都会加重智能体水下机器人的计算负担.因此,设计智能体水下机器人之间的通信协议时,在保证协调作业可以完成的情况下,必须尽量减少数据的传输负担以及传输时延的影响,从而提高机器人的运算能力[87].然而在当前有关多智能体水下机器人的优化协调算法中,这方面的因素几乎不考虑.Ghabcheloo等利用非线性控制系统ISS理论和多智能体一致性理论研究了水下机器人的编队协调控制问题,给出了一个既能解决时延问题,又能解决避碰问题、编队协调问题和路径跟踪问题的优化控制算法,而这显然在工程应用中无法实现[88].

(3)多智能体水下机器人姿态操作和通信协议为分布优化算法提出了新课题和新方向.

基于智能体水下机器人实际运动能力和安全方面的考虑,在实际操作过程中,机器人姿态控制范围一般有一个明确的限定.比如,智能体水下机器人在转首运动过程中,其每个控制周期内的控制指令是以离散数值的形式给出的,假如要求旋转30°,一般会在每个控制周期内令其首向转动5°~10°,这样通过多个连续节拍的控制达到我们期望的首向.同样,智能体水下机器人的前向速度和纵倾角也有类似的范围要求.另外,按照现在的水声通信系统,每个智能体水下机器人被分配给大约2 s的发送时间,如果有三个智能体水下机器人进行协调作业,某个智能体水下机器人被分配的下一次传输数据的时间就是在6 s以后了,这就产生了数据传输中的时延问题,解决这个问题一般采用插值或者滤

波方法加以估计,以防出现不同步的现象.这些操纵特征说明,多智能体水下机器人优化协调问题是一个典型的带有变量离散化的,且具有约束范围的离散分布优化的问题.而当前的多智能体分布优化算法几乎没有考虑这方面的情况,这也为分布优化算法的理论研究提供了新的课题和方向.

3.当前的多智能体分布优化算法有利于促进多智能体水下机器人优化协调理论方法的深入研究

在多机器人协调控制方面,分布式控制方法以其优于领航—跟随法的优势引起了广泛关注.目前常用的分布优化算法有次梯度法[89]、一致性算法[90-91]、交替方向乘子法[92]、基于博弈论的优化算法[93].然而一些优化算法存在明显的局限性,例如目前已有的一些一致性算法在解决大规模网络优化问题时出现计算和存储能力的局限性.相比较而言,基于博弈论的优化算法可以分层次研究分布优化问题,将大规模网络多节点问题简化,同时借助纳什均衡的求解以解决算法收敛问题.具体来说,Lin 等[94]基于学习博弈方法构建了系统分布优化算法,在博弈论框架下可以证明该算法的收敛性,并且从理论证明中可以看出算法的鲁棒性和自治性.此方法开启了多智能体一致性算法的新篇章.Zhu 等[95]采用分布式任意时间算法来计算非合作多智能体的开环纳什均衡点,即对于每一个智能体设定多目标函数,再将任务进行解耦,从而将问题归结为一个开环非合作微分博弈,再基于RRG算法设计响应和模型检测更优的迭代算法,以解决非合作多智能体的开环纳什均衡点求解问题.尽管基于博弈论的分布优化算法的严格理论结果还不算多,但是相应的思想已经开始在很多实际问题中得以尝试[96].董超伟[97]对多机器人合作策略进行了研究,针对追捕—逃跑问题,将经典博弈模型推广到量子博弈模型中,实现了合作策略中收益函数的最大化,同时避开了博弈困境,该方法的提出打开了研究多机器人协调控制策略的新思路.上述一些算法在无线传感网和资源分配方面的应用为多机器人优化协调的研究提供了有益的支撑.

与其他分布优化算法相比,基于博弈论的优化算法是把系统的目标函数作为每一个“局中人”(智能体)目标函数的有机组合,再利用博弈论中个体的优化策略来获得分布优化算法[98].在博弈理论的框架下,基于博弈论的分布优化算法的一个关键优点在于它分层次研究分布优化问题:它把一般的分布优化问题分解为博弈设计和具体的局部决策规则(分布学习算法)[99],这样就把多智能体的分布优化问题转变为基于博弈论的“局中人”如何设计基于局部关联信息的求解纳什均衡的问题.近年来,有学者利用这个博弈分解思想来探讨基于势博弈的多智能体分布优化算法[98—100],其中Hatano等首次给出势博弈与多智能体分布优化的等价关系,并以此把多智能体的优化问题转化为求解势博弈的优化策略问题,从而可以利用势博弈处理多智能体的分布优化问题[101].尽管基于博弈论的分布优化算法的严格理论结果还不算多,但是相应的思想已经开始在很多实际问题中得以尝试[102-103],特别是势博弈已经研究了多年,被广泛应用于交通拥塞博弈、区域覆盖、资源分配等实际问题中[103-105].文献[102-103]分别研究了网络演化博弈、分布式任务分配等方面的优化算法.

基于博弈论的智能体分布优化算法的思想完全契合多智能体水下机器人通信范围有限的实际情况,一些算法在无线传感网和资源分配方面的应用为多智能体水下机器人的优化协调研究提供了有益的支撑.

4.逻辑动态系统理论在多智能体博弈理论中的研究刚刚起步,它为基于博弈论的分布优化算法提供了新的研究思路

逻辑动态系统是一个离散时间系统,其状态变量和相应的函数值都为有限值的多值逻辑函数系统.矩阵半张量积是一种新型的矩阵乘法,它将矩阵普通乘积推广到维数可以不等的两个矩阵的乘积,同时保持原来矩阵乘法的所有性质不变,已被成功应用于逻辑动态系统的分析与控制中[106-108].多智能体的博弈是一个策略优化的过程,它与逻辑动态系统的优化控制有着天然的联系,Cheng等即揭示了这两者之间的内在联系[107—108].目前逻辑动态系统最成功的应用是在布尔网络动态演化行为的研究以及网络演化博弈的动态行为研究方面[109-110].布尔网络系统可以看作一个二值逻辑动态系统,Cheng等[111]利用矩阵半张量积把布尔网络系统转化为一个线性控制系统,并因此解决了系统的稳定性、可控性、可观测等一系列重要的理论问题,同时也探讨了时延以及随机性对系统稳定性的影响[112].博弈论在生物信息和多智能体优化领域有广泛的应用[113-115],然而由于数学工具的缺乏,博弈论及其应用研究还主要用仿真和统计分析手段解决[113],一个系统的理论方法并未形成.程代展研究员和其他学者利用矩阵半张量积,把网络演化博弈转化为一个逻辑动态系统,然后通过矩阵分析的方法研究动态博弈的纳什均衡等理论问题和有关的控制问题[107-108],给出了网络动态博弈的结构形式与纳什均衡存在性的矩阵描述,得到了不同网络博

弈结构的等价关系，从而减少了网络结构研究的复杂度．这一系列的结果为博弈论问题的研究提供了理论框架，也为基于博弈论的多智能体系统的协调优化问题的研究提供了理论支撑．特别是由于可以用简单的矩阵分析的方法来刻画博弈中智能体的演化策略，所以这种方法不但可以提高网络动态博弈的计算实现能力，同时为更加深入研究多智能体的分布优化算法提供了一条新的、有效的途径．

5．多智能体水下机器人协调路径跟踪与围捕追逃是两种不同类型的分布优化算法应用问题，具有代表性，对其进行理论研究有利于系统分析和解决多智能体水下机器人优化协调的理论问题

（1）多智能体水下机器人的协调路径跟踪问题本质上是一个多智能体的一致性问题，是多智能体分布优化问题的一个特例．文献[98]和[116]指出，多智能体的一致性问题可以看作带有约束的分布优化问题，所以可以用基于博弈论的分布优化算法进行分析研究．目前，多智能体的一致性问题已经在机器人编队、无线网络分布的一致性以及地形勘探等领域得到了广泛应用[80-82,117-121]．其主要研究方法集中在李雅普诺夫方法[80-82]、随机优化方法[117-118]等，而运用基于博弈论的分布优化方法的文献较少[103]．另外，在多智能体水下机器人的编队协调控制中，有学者基于李雅普诺夫稳定性理论以及多智能体一致性理论，研究了多智能体水下机器人编队协调控制问题[80-82]．胡光兰通过仿真分析法探讨了多智能体水下机器人编队控制在反水雷任务中的应用问题[121]．很明显，已有的研究成果突出了编队的控制问题，运用了复杂的控制算法，从而导致算法的复杂度较高，降低了算法的适用性．因此，寻找操作性更强的算法来研究多智能体水下机器人的协调路径跟踪问题是一个有意义的课题．

（2）围捕追逃是一个典型的多智能体博弈优化决策问题，它需要给智能体设计合理的任务分配机制、动态追捕过程中的最佳路径和团队配合规则．目前关于多智能体围捕追逃的理论和应用研究取得了很大进展，特别是在陆上机器人协调追捕研究领域尤为成熟．国际上，Benda等[122]利用栅格模型研究了多个追捕问题，追捕者通过上下左右几个方向作为移动策略来拦截逃跑者．Denzinger[123]利用最邻近规则结合遗传算法给出追捕时需要采取的最优动作．Lavalle等[124]、Simov等[125]将有限图引入追捕问题中，提出了一种基于有限图问题的算法．在国内，王月海[126]将博弈论中的均衡理论运用到机器人追捕中，通过分析追捕双方的博弈情况给出最优合作策略；苏治宝等[127]把Q-学习算法借鉴到追捕系统中，通过不断的训练与策略选择从而实现对逃跑者的追捕；周浦城等[128-129]基于动态博弈理论研究了环境变化情况下的多机器人追捕问题；王浩等[130]利用量子博弈策略研究了多机器人追捕问题，给出最佳追捕优化策略算法．虽然追捕问题取得一些有价值的成果，然而所采取的研究方法主要以仿真为主，还没有较为深入的理论分析．

围捕运动控制是多机器人协调控制的一种方式．机器人的围捕运动一方面是受生态系统中动物行为的启发，结合特定任务规划而形成的一种运动模式，另一方面是受天体多层围捕运动队列的启发，结合引力场与动态运动轨迹规划而产生的运动方式．在自然界中，群居动物常通过任务分配和协调布局来围捕猎物，它们目标清晰、分工合理、配合到位、工作高效．如何将这种动物群体的本能行为通过机器人模拟出来，成为一项既有趣又有挑战的工作．目前，研究者已经通过基于行为的方法给出了机器人围捕控制的解决方案．在物理世界中，天体的运动复杂而多变，外界影响因素具有随机性和不可控性，如何像天体一样基于确定的目标移动方向进行向心运动（例如月球围绕地球运动、地球围绕太阳运动、太阳围绕银河系中心运动的多层运动模型），也是多机器人协调运动控制要攻克的难题．目前，基于人工物理或势场函数的方法为多机器人围捕控制研究打开了思路．以往的围捕研究具有较多的假设前提限制，因此对应的控制方法也有很大的局限性．例如：假设机器人数量不多，所设计的控制算法会在机器人数量增多时呈现算法爆炸的现象；假设围捕环境理想化（无障碍）或障碍少，多机器人会在复杂地域陷入控制失效的境地；假设机器人之间是强通信连接，他们会在通信缺失时使控制系统陷入瘫痪，而传统的集中式控制方法会使机器人数量和运动维度难以扩展．显然，现有的方法不适宜解决欠驱动机器人在海洋环境中的三维动态避障和围捕问题．

机器人避障研究是路径规划的一部分，可以将避障控制分为两个子问题：一是障碍物的信息获取问题；二是基于障碍物数据的路径规划问题．目前，已有许多学者对避障问题进行了研究，并得到了很多有价值的研究成果．

从传感器的角度来分析，机器人避障研究首先要解决的是障碍物信息的获取问题，一般是通过传感器完成的．机器人避障传感器一般分为声呐传感器、视觉传感器、红外传感器、激光传感器等．Sarapura等[131]开发了一种基于单目视觉的自适应动态控制器，用于三自由度Scara机器人机械手对目标的跟踪，该控制

方案考虑了机器人的动力学特性、运动物体的深度以及固定摄像机的安装位置,控制器具有良好的自适应性和稳定性;邵伟伟[132]将双目视觉与雷达相结合,对机器人避障和路径规划进行了控制算法研究,避免了单目视觉方法对于深度信息采集的缺失,但也存在算法计算量大、时效性差的问题;Chen 等[133]提出了基于红外线的机器人避障和方向跟踪控制的研究,但是由于红外传感器的探测范围有限,所以很难在大范围地域进行远程跟踪与路径优化;Lv 等[134]为了满足复杂环境下无人地面车辆的避障要求,设计了一种基于多传感器信息融合的模糊神经网络避障算法,通过对比分析与仿真实验,验证了所提控制算法的优越性.

机器人的避障算法主要包括传统避障算法、改进的传统避障算法、智能避障算法、混合避障算法等.

①传统避障算法. 常用的经典避障算法包括:应用于全局避障的栅格法、自由空间法和可视图法;应用于局部避障的人工势场法.

②改进的传统避障算法. Ge 等[135]描述了在移动机器人路径规划中使用势场法时,目标不可接近且附近有障碍物的问题. 他们考虑了机器人与目标之间的相对距离,提出了新的排斥势函数,确保目标位置为总势的全局最小值. 刘春阳等[136]进一步优化了势场法,对斥力函数进行了改进,能够有效地避免抖动现象,成功地实现了障碍物避碰和复杂环境下的路径规划. 于振中等[137]在传统研究情况的基础上考虑了障碍物的运动,这在机器人实际控制过程中是普遍存在的问题,障碍物运动速度的改变会引起机器人之间相对位置的变化,如果控制器不能实时跟踪这种变化,就会造成机器人失控. 另外,引入的 Voronoi 图法可以提高路径搜索效率,有效地实现了避碰.

③智能避障算法. 智能避障算法大致包括神经网络算法、模糊逻辑算法、蚁群算法等. Abdi 等[138]提出了基于 Q-学习与神经网络的机器人混合路径规划控制,这种混合方法显著提高了机器人的运动速度和运动复杂度;Imrane 等[139]将人工势场神经模糊控制器用于移动机器人自主导航,该混合控制算法可以提升机器人的运动性能;Li 等[140]提出了一种基于信息素更新的蚁群算法,采用栅格法构建含障碍物的二维平面空间,基于该改进算法的控制器设计,提高了机器人路径规划效率,缩短了路径距离,节能高效.

④混合避障算法. 曹婷婷[141]以七自由度机器人为研究对象,将距离栅格法拓展到三维空间,结合几何运算实现复杂区域避障控制,这种混合控制算法可

以高效存储机器人运动信息,并对数据进行优化处理;甘新基[142]将Bézier曲线与遗传算法相结合设计机器人运动避障控制器,该混合控制算法能够使机器人快速脱离局部极小解,躲避障碍物移动到达目标位置;金兆远[143]设计了超声波阵列避障系统,并结合模糊控制算法设计了机器人避障控制器,该混合控制算法可以简化机器人路径规划的规则表,提高解模糊化计算的准确性和高效性,提升参数的灵活应变性.

多机器人围捕运动是合作模型之一,一般要求多机器人对目标进行跟踪,再按照一定的布局分散在目标周围形成一种阵列形态,同时,既要考虑目标运动的多样性,又要考虑环境不确定因素的影响,包括障碍物、通信中断、外界干扰等.下面列举一些典型的多机器人围捕控制案例.

王杰[144]对拍卖算法进行了改进,并依此来选定多机器人中的若干围捕者,再将狮群围捕算法结合博弈论知识应用于围捕者行为协同控制研究,考虑了水声通信环境的时延长、短暂连通缺失和噪声的影响,该控制方案能够很好地保障围捕决策的稳定性、高效性和鲁棒性.

Zakhar等[145]研究了仅基于测量数据来控制一组非完整Dubas类移动机器人的围捕运动问题,每个机器人都能够以自身为中心测算出与围捕目标的距离和与同伴的距离,分布式控制器设计实现了所有机器人都运动到以围捕目标为中心的规定半径圆圈内,并且多机器人沿该圆圈均匀分布,以预定的速度和方向沿圆圈运动.

Kim等[146]在多机器人目标捕获问题中研究了移动目标下多机器人的跟踪控制问题,所提出的基于潜在函数的控制算法能够使机器人保持封闭队形的目标限制速度,移动目标的速度是恒定的,并且小于机器人的最大速度.

Ruiz等[147]考虑了在无障碍环境中使用差动驱动机器人捕获全方位规避器的问题.在游戏开始时,逃避者与追击者的距离为L,$L>1$(捕获距离).逃避者的目标是与追击者尽可能长时间地保持比这个捕获距离更远的距离;追击者的目标是尽快抓住逃避者.作者提出了运动原理的封闭形式表示和每个玩家的时间最优策略,这些策略处于纳什均衡状态,这意味着每个玩家对这些策略的任何单方面偏离都不会给其他玩家带来赢得游戏的好处.文中将游戏空间划分为相互不相交的区域,在这些区域中,玩家的策略得到很好的确定.这个分区被表示为一个图,它展示了保证全局最优性的特性.另外,作者还分析了博弈的决策问题,给出了决定胜负的条件.

Sayyaadi等[148]研究了一组具有非完整动力学的三轮机器人围绕运动目标进行狩猎和掩护的控制问题.作者在机器人动力学模型中考虑了车轮质量.控制器的输出为车轮扭矩和前轮转向扭矩,并且还考虑了执行器的饱和与滤波效应.根据控制算法与从其他机器人和目标传来的信息(分散控制),对组中的机器人进行控制,使每个机器人做出适当的反应.运动目标动力学被认为是从入侵者手中逃脱的,目标具有全息动力学,并且假设运动目标没有轮子.为了推导运动方程,使用了凯恩动力学程序.机器人配有传感器,用于距离评估、视角评估以及信号接收.为了估计另一个机器人位置和目标的相对位置和变量,使用了扩展卡尔曼滤波器和扩展卡尔曼平滑器(扩展Rauch-Tung-Strible平滑器).为了利用惯性分析群体机动,并优化期望加速度和实际加速度之间的误差函数,设计了控制器.该操作针对三个平面执行:斜面、球面和圆柱面.结果包括四个入侵机器人对目标的搜索和覆盖,机器人与目标之间的相对距离图,机器人在三个平面上的速度和对应机器人,真实变量和估计变量之间的比较,以及卡尔曼滤波器和卡尔曼平滑器估计值之间的比较.根据研究结果可以看出,由于机器人的惯性效应和非完整特性,所设计的控制器和估计器适合于执行操作,可以获得合适的结果.

Liu[149]研究了多智能体系统中的碰撞避免控制问题,调查了多机器人系统中几种可能的碰撞场景,并确定了一种死区类型和五种不同的碰撞类型,将其构建到搜索算法中.他还提出了一种基于协调器的策略来规划和控制机器人在这些碰撞类型下的运动,目的是演示机器人到达目标节点后如何形成特定的模式.

曹治强等[150]提出了一种基于有效扇区和局部感知的非结构化无模式环境下多自主机器人分布式狩猎方法.他将视觉信息、编码器和声呐数据集成到机器人的局部框架中,并引入有效扇区.同时将狩猎任务建模为三种状态,即搜索状态、绕过障碍物状态和狩猎状态,并给出了相应的切换条件和控制策略.机器人的合作控制只在局部相互作用.躲避者的运动是机器人事先未知的,为了避免被抓获,它们采取了逃跑策略.该方法具有可扩展性,可处理通信和车轮打滑问题,曹治强通过一组轮式机器人的试验验证了该方法的有效性.

Cai等[151]提出了一种基于人工势函数法的非完整动态机器人自适应队形控制律,用于存在侧向滑移和参数不确定性的情况下将多个机器人组织成规定队形.该控制方法实现了一组移动机器人平动和旋转运动的平滑控制,同时保持规定的队形,避免机器人之间碰撞和避开障碍物.为了有效地改进编队控制方法,减少变形,Cai 等还提出了一种适用于每个机器人的虚拟领导者跟随方法,并采用一种改进的最优分配算法来解决编队多目标最优分配问题.

An 等[152]研究了多机器鱼的目标搜索与合作狩猎问题,讨论了多机器鱼的群体规模、搜索目标与狩猎成功的条件、搜索失败的条件,提出了分区全局搜索策略,狩猎机器鱼采用基于动态包围点的狩猎策略,并设计了入侵机器鱼的智能逃生策略.通过仿真实验验证了文中所提出的狩猎策略和逃逸策略,结果表明,在快速搜索目标的基础上,多机器鱼可以有效地完成狩猎任务,同时反映了入侵者和猎人之间的博弈行为.

黄健飞[153]研究了多车辆编队控制中队形形成的问题.文中先对车辆运动学系统进行建模,模型反映了车辆的径向速度、横向速度与前轮转角之间的关系,进而基于相对位移与相对转角建立起领航—跟随者运动模型和编队误差模型,设计了基于变量估计值原理的自适应反馈控制器,保持了多车辆运动的队形.基于改进的人工势场法,文中又设计了避碰控制算法,使得混合控制器具有较强的鲁棒性和容错性,但是没有考虑车辆间通信连接的复杂性和外界干扰的影响,是在通信理想状态下的控制设计方法研究,具有一定的局限性.

Chen [154]针对主动逃逸的目标机器人的未知轨迹问题,提出了一种基于动态环境下目标动态预测的多机器人协同狩猎算法.首先,对目标机器人的采样点进行更新以适应其轨迹,然后利用基于卡尔曼滤波的一致性动态预测目标的位置.其次,利用粒子群优化算法为追踪机器人分配合适的狩猎点.追击机器人围绕目标机器人,不断缩小包围范围,最终完成任务.仿真结果表明,该算法具有可行性和有效性.

Yong 等[155]提出了一种多机器人协作围捕行为的数学模型.多个机器人试图搜索和包围一个猎物,当机器人检测到猎物时,它就会形成一个追随的团队.当另一个搜索机器人检测到相同的猎物时,机器人组成新的跟随团队,直到其他机器人检测到相同的猎物;若猎物从模型中消失,则机器人返回寻找其他猎物.如果团队在一定的时间限制内没有加入另一个机器人,那么团队被解散,机器人返回搜索状态.数学模型由一组速率方程组成.机器人集体捕猎行为的演化代表了机器人不同状态之间的转变.复杂的集体狩猎行为是通过局部互动产生的.文中提出了模型方程的标准化版本的数值解,并提供了稳态和合作比例分析.通过数学建模表明,延迟时间是影响系统性能以及搜索机器人和猎物的

相对数量的一个重要因素.

Chen等[156]针对目标位置信息丢失导致群机器人系统协同狩猎效率低下的问题,结合循环追踪策略,提出了基于拓扑结构的分布式狩猎控制算法.该算法根据狩猎系统的拓扑结构确定虚拟协同狩猎机器人的位置,并充分利用狩猎机器人的位置关系,减小无效狩猎机器人与相邻机器人之间的轨迹偏差,迅速形成动态环形狩猎队形.仿真结果验证了该方法的正确性.

目前,大部分研究多机器人协调控制的文章注重控制算法的有效性,而对假设前提限制太多,如机器人容量小、外界环境理想化、障碍物布局简单、强通信连接等.因此,控制器设计的鲁棒性和容错性不强,系统扩容困难.

上述对多机器人避障及围捕控制的研究很少考虑通信条件的影响,一般假设在理想通信环境下进行控制,这样不仅会失真,而且在有些情况下控制器甚至会失效.水下多机器人之间的通信为水声通信,由于水声通信较陆地通信质量差、时延大、距离短、限制多,使得多机器人之间的通信连接状况百出.这种复杂的通信连接包括存在通信缺失,均匀时滞,时变时滞,通信误码,通信包丢失,通信噪声,通信故障冗余,通信连接双向、单向或混合时变连接等[51],上述情况统称为通信约束.通信约束条件下多机器人协同机制研究可以为多机器人的实用化提供理论方法和技术支持.

Coquet等[157]利用局部带电粒子群优化(LCPSO)算法来解决约束环境中多智能体运动目标跟踪问题,该算法对通信范围和目标行为的约束具有一定的弹性,这为理解和控制LCPSO算法作为群体特征的函数以及目标的性质提供了有益的指导.Liu等[158]采用死区事件触发机制来减少网络信道的传输数据,以提高通信受限的网络控制系统的性能.Yu等[159]针对有限通信距离和偏置故障下时变编队飞行引起的强非线性函数问题,结合模糊神经网络提出了智能自适应学习机制.此外,引入Nussbaum函数处理输入饱和和失效故障,该控制方案的显著特点是同时考虑了编队飞行的时变性、执行器故障(包括偏置和失效故障)、通信范围受限和输入饱和.Issa等[160]提出了一种基于Lyapunov分析的可调事件触发机制,以减轻控制器对机器人信道中的通信负担.此外,还引入了一种补偿系统来处理输入时滞.与其他将转矩或电压作为控制输入的移动机器人动力学模型不同,该系统推导出的动力学模型承认了期望直线和角速度的直接命令,这对于市场上可供选择的商用移动机器人来说是非常可取的.由于机器人内部参数的不可用性,该系统还设计了自适应律,在运行过程中在线估计.Li

等[161]对于具有时变时滞和有限通信容量的网络,应用模糊系统将具有量化效应的事件触发机制引入控制器中,在信息传递方面证明了该方法能够将历史经验数据融入控制输出结果中,有一定的智能性和时效性.文中基于Lyapunov方法后推出控制器结构,得到了控制算法的充分条件,并通过数值仿真说明了控制器的有效性.

另外,在进行多机器人协调控制时,还应该考虑机器人的信息存储能力和计算能力.在复杂的海洋环境中,机器人采集到的信息既包含有效数据,也包含大量的环境噪声,加上通信过程中有可能产生的数据丢失和时延等问题,使得这些数据不能直接使用,必须进行过滤和降噪处理,这些计算会加重机器人的负担.因此,在设计多机器人协调控制算法时,既要保证协调作业可以顺利完成,又要尽量减少数据的传输负担和传输约束的影响,从而提高机器人的信息计算能力.目前,在有关多机器人的协调控制算法中很少考虑上述因素的影响,Ebel等[162]比较分析了基于代数图论和基于分布式模型预测控制的不同效果,通过硬件实验突出了两种框架的适用性.

综上所述,水下机器人控制问题多种多样,相应的每一种解决方法都有自己的优势与不足.到底选用哪种方法用于水下机器人运动控制设计,还要根据实际情况而定.一般来说,线性控制方法对水下机器人的限制较多,不具有普遍性.考虑到水下机器人的动态特性,我们采用非线性控制方法来设计控制器.

1.4 全书结构框架

本书以在水下三维空间运动的智能体机器人为研究对象,且机器人为欠驱动型,考虑机器人动力学方程建模过程中所具有的明显的非线性结构特点,另外考虑系统未建模动力学、水声干扰、反馈信息噪声对于控制效果的影响,采用非线性控制方法研究多机器人的协调编队控制问题.同时,考虑了机器人之间的水声通信限制,例如存在时延、干扰、状态信息无法完全反馈等问题.本书共6章,具体的结构框架如图1.8所示,各章节内容安排如下:

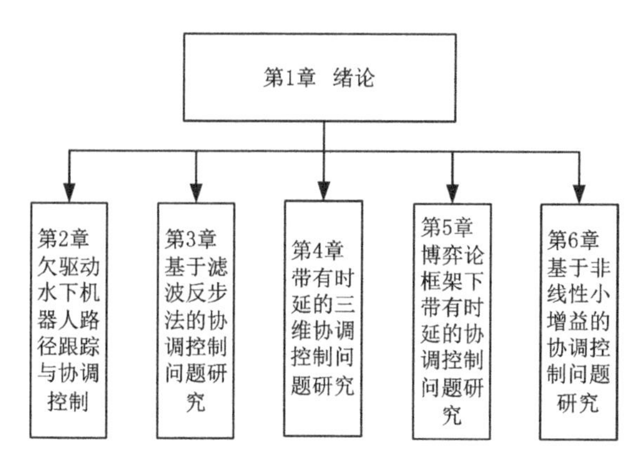

图1.8　全书结构框架

第1章是“绪论”. 从时间上,具体阐述了多机器人协调控制问题的研究历史、发展状况和未来趋势. 从空间横向上,介绍了不同国家、不同科研机构对于多机器人控制问题的研究进展. 另外,由于机器人用途的不同,又分为民用机器人和军用机器人来介绍控制差异问题. 通过文献对比学习和研究,总结归纳多机器人的协调控制问题及其相应的解决方案,并对这些解决方案的优缺点进行解析.

第2章是“欠驱动水下机器人路径跟踪与协调控制”. 基于水下三维空间运动的机器人数学模型,首先建立路径跟踪误差系统,设计控制器将每一个智能体机器人驱动到期望路径上;然后通过速度调节使得多智能体机器人之间保持一定的队形结构,从而实现编队控制目标. 该控制方法适合于指定水下管线检测和维修工作,也适用于海底地形绘制工作.

第3章是“基于滤波反步法的协调控制问题研究”. 滤波反步法能够减少对于控制器解析形式的设计复杂度,能够有效抑制外部干扰的影响,使得控制系统具有很强的鲁棒性. 文中还从理论和仿真两个角度对滤波反步法和传统反步法进行了对比研究,从而说明了选择滤波反步法设计解析控制器的优势.

第4章是“带有时延的三维协调控制问题研究”. 在水下三维空间中进行多机器人协调控制时,需要利用反馈的状态信息进行控制器设计,例如位置测量信息、速度测量信息、方位角测量信息、角速度测量信息等. 另外,机器人之间需要通过信息传递完成协调控制目标. 这些信息的反馈与传递都会存在一定的时延,控制力和力矩的执行机构也有一定的响应时间和时延,所以控制器设计时要合理消除时延的影响,从而提高控制品质.

第5章是"博弈论框架下带有时延的协调控制问题研究". 编队控制器的设计过程分为两部分: 第一部分,在学习博弈算法的基础上,建立了系统的分布式优化算法. 该算法继承了学习博弈论的本质,即简化和收敛的性质. 学习的特性使算法具有鲁棒性和自治性. 第二部分,基于上述算法和视线角导航原理,设计了路径点跟踪控制器. 本章将位置误差的跟踪控制问题转化为速度误差、首摇角度误差和俯仰角度误差的稳定控制问题. 控制器设计过程分为两个阶段,避免了奇异点问题的出现. 基于李雅普诺夫稳定性理论和自适应反步迭代设计方法,实现了机器人的速度、首摇角度和俯仰角度的精确跟踪控制.

第6章是"基于非线性小增益的协调控制问题研究". 本章将多机器人编队控制器的设计过程分为两部分:第一部分,基于合理化简后的编队误差动态系统,给出了编队控制器必须满足的条件,并基于此条件设计控制器结构形式. 第二部分,基于本章所提出的分布式编队控制器,其中的非线性函数满足连续、可微、有界,具有奇函数性质,并且这些非线性函数的增量比极限有确定的上确界和下确界,非线性函数的变量部分也是一个复杂的函数形式,它们以编队误差为反馈状态来进行结构设计,最终合成为对执行机构的控制力和力矩的具体结构形式. 为了使所涉及的控制器具有可操作性,避免奇异点问题的出现,控制器中反馈的速度误差变量需要满足有界性条件. 最后,采用小增益定理证明整个闭环系统的稳定性,并结合数字仿真实验进一步分析控制结果.

第2章 欠驱动水下机器人路径跟踪与协调控制

本章研究水下机器人的协调控制问题,此问题建立在路径规划的基础上.一方面要求机器人在水下三维空间中沿预定轨迹行驶,另一方面通过速度调节使得多个机器人保持一定的优化队列,进行复杂任务作业.控制器设计采取降维分解的方式,将协调路径跟踪任务分解为"跟踪"+"编队"两个子块.在跟踪控制方面,本章建立了Serret-Frenet坐标系,并在该坐标系内给出了路径跟踪误差系统模型.引入Serret-Frenet坐标系的优势是可以取消对于虚拟参考目标初始点的限制,这与机器人的实际运动状态更加贴合.为了实现快速准确跟踪虚拟路径点,本章采用了视线角导航,通过理论分析与仿真实验验证可知,跟踪误差可以快速收敛到零.在编队控制方面,基于图论知识将多个机器人之间的通信拓扑结构用矩阵来表达,从而便于控制过程中的数据分析与控制器设计.编队控制要求机器人之间保持相对的距离和方向,这些是通过调节机器人的运动速度实现的.最后,本章将各个子任务进行反馈衔接,得到了整体的级联系统,通过稳定性分析与仿真实验验证控制方法的有效性.

2.1 引言

在水下三维空间中,对于欠驱动机器人,路径跟踪控制和协调编队控制是两大热点研究问题.对于路径跟踪问题,路径指的是一个虚拟目标点,该点不受时间限制,可以在水下三维空间中自由移动.我们可以用数学符号来刻画一条路径,如$P: s \to \mathbf{R}^3, s \in [0, S], S \in \mathbf{R}^+$,其中,$s$代表独立的路径参数.路径跟踪的控制目标为:从初始位置和初始状态开始,在控制器的驱动下,机器人能够运动到期望路径点，并且沿着光滑的空间路径移动.空间路径随着其参数的变化而发生改变.本章中考虑的路径与时间参数没有直接关系.如果机器人在指定的海洋区域内工作，例如海底地形复杂区域和海底较高地形的探测工作，或者输油管道检测工作，这时机器人要跟踪的路径轨迹为复杂的空间曲线.因此，对复杂路径点的跟踪是我们需要解决的问题.

许多学者致力于路径跟踪控制方法的研究工作.2011年，Lionel Lapierre提出了一种改进的方法来生成一条期望的路径，该方法基于李雅普诺夫稳定性理论和反步法控制技术，提高了路径跟踪效率[163].2011年，Børhaug研究了存在未知方向和大小洋流时欠驱动水面船舶的路径跟踪控制问题，提出的控制器基于视线制导、自适应控制和级联系统理论，控制器保证船舶按照期望的队形结构运动，同时还可以以期望速度沿着期望路径运动[164].2012年，Liljeback等提出了一种路径跟踪控制器，使蛇形机器人能够跟踪直线路径，利用级联系统理论，在假定蛇形机器人的前进速度非零且为正的情况下，证明了所提出的路径跟踪控制器可使蛇形机器人k-指数稳定到任何期望的直线路径[165].刘志勇等提出了路径跟踪算法来解决无向图模型上的路径跟踪问题，并在跟踪精度方面展示了优越的性能[166].2013年，Dinh等在拉格朗日对偶分解框架下研究了求解大规模可分凸规划问题的不精确扰动路径跟踪算法.与文献中考虑的精确扰动路径跟踪算法不同，在给定精度下，对于原始子问题Dinh等提出了不精确跟踪算法[167].2013年，Alessandretti等设计了模型预测控制律，用以解决约束欠驱动车辆的轨迹跟踪问题和路径跟踪问题.给定一个任意小的渐近跟踪误差，Alessandretti等给出了模型预测控制律，该控制律的大小仅受系统约束大小的限制[168].2015年，Fossen等提出了一种非线性自适应路径跟踪控制器，用于补偿车辆侧滑产生的漂移力.所提出的算法是由古代航海家使用的视线制导原理驱动的，该原理也被扩展到Dubins路径的路径跟踪问题中[169].在文献[170]中，路径跟踪依赖于使用L_1自适应输出反馈控制律对现有自动驾驶仪进行扩充，以获得性能有保证的内外环控制结构.2016年，Faulwasser考虑了非线性系统输出空间中几何路径的跟踪问题，该系统受输入和状态约束，无需预先设定时间要求[171].

多机器人的协同控制方法主要分为解析法和算法两种.基于数学工具，解析法严格分析协调控制行为，包括领航—跟随策略[172-173]、虚拟结构方法[174]、人工势场法[175]、分布式协调控制方法[176-177]，等等.在文献[172]中，Loria假设只有

一个领航机器人能够获得参考轨迹的信息,所设计的控制器是部分线性时变的,并且能够保证闭环系统的全局一致渐近稳定性.在文献[173]中,Mariottini等采用扩展卡尔曼滤波器来估计每个跟随机器人相对于领航机器人的位置和方向,并采用反馈线性化控制策略来实现期望的编队模式.这种主从式编队控制只需要知道领航机器人的运动轨迹,则整个机器人系统在控制律作用下实现编队目标.该控制器结构简单、应用广泛.但是,通信过程中跟随机器人没有向领航机器人反馈信息,所以,当领航机器人受到干扰时,整个编队控制系统可能会崩溃.在文献[174]中,提出了一种基于虚拟结构的无人机编队方法,该文献基于经典理论和逆动力学设计了编队控制律.虚拟结构法易于确定整个群体的编队行为,并且易于保持队形结构.由于系统控制器设计基于编队反馈误差,所以能够有效避免编队成员的掉队现象.但是,在编队控制之前需要事先设定好虚拟结构,并且保持不变,这就使得该方法缺乏灵活性和自适应性.当任务要求需要改变队形结构时,这种方法在应用方面就会受到很大的限制.在文献[175]中,为了解决避碰问题,作者基于人工势场理论设计了一种计算效率高的控制方案,人工势场方法的优点是算法直观有效,计算简单,易于实现实时控制.特别地,该方法可以有效地处理障碍物避碰和有障碍物约束的碰撞回避问题,其缺点在于存在局部极小值,因此很难设计合适的势场函数.在文献[176]中,设计了分布式控制算法来解决多机器人系统的协调控制问题.在文献[177]中,所提出的控制方法已被证明适用于强连接非切换拓扑和平衡强连接切换拓扑结构.

基于算法的编队控制方式不需要严格的数学模型和数学工具,主要是通过使用数字仿真来观察编队控制行为,例如基于行为的编队控制[178-179].在文献[178]中,作者提出了一种基于行为的控制器设计方法,该方法可以有效地实现编队控制目标,并且能够灵活避障.在文献[179]中,作者为编队控制任务设计了五个目标子任务,分别为移动目标跟踪、避免机器人之间的碰撞、避开障碍物、保持编队队形、有效降低随机噪声影响.该文献采用了基于行为的编队控制方法,该方法的优点是:当机器人有多个任务目标时,很容易获得整体控制策略.由于机器人可以接收到来自其他机器人的位置信息,因此系统中存在明确的编队误差反馈信息.此外,系统中通过反馈信息所进行的反应行为可以带来更好的实时控制效果,在机器人避碰和避障方面具有一定的优势.基于行为的编队控制方法的缺点是:需要编队的机器人系统整体行为无法明确定义,难以用精确的数学工具进行分析，并且无法保证编队系统的稳定性．在文献[180]中，作者研究了存在通信缺失和通信时延的协调路径跟踪问题．在文献[181]中，作者研究了具有绝对阻尼和通信延迟的分数阶多智能体系统的分布式编队控制问题．

早期进行多机器人编队控制时，只需要知道多机器人之间的相对位置或距离信息，单个机器人的路径不受限制．执行特殊任务时，如海底管道检查、海底地图绘制，则要求机器人必须遵循指定路径运动．显然，传统的编队控制器无法解决这种特殊的编队问题．在上述研究工作的基础上，本章将路径跟踪和协调控制相结合，提出了一种新的分布式多机器人编队控制器，提出的控制方法能够保证每个机器人都能在期望的路径上移动，并且整个团队在水下三维空间中能够保持期望的队形．基于文献[182]，本章充分考虑了水下三维空间的机器人动力学模型中水动力系数的时变性和有界性．在控制器设计方面，首先进行机器人路径跟踪控制，然后调整速度以达到编队要求．基于李雅普诺夫稳定理论和反步法技术，本章所设计的控制方法能够求解最优运动规划问题．从机器人的实际操纵情况来看，路径跟踪和协调控制是同时实现的．基于李雅普诺夫稳定性理论，本章证明了多机器人闭环系统中路径跟踪和协调编队误差信号渐近收敛于零，最后通过仿真实验验证了该控制方法的良好效果．

本章主要结论：

(1)在Serret-Frenet框架下建立了水下三维空间中的路径跟踪误差动力学系统，设计了基于视线导航的路径跟踪控制器．此外，还充分考虑了水动力系数的时变性和有界性，所设计的路径跟踪控制器能使路径跟踪误差渐近收敛到零．

(2)本章以图论为基础，给出了协调误差动态系统的代数表达式，通过调节机器人的速度，使得协调控制误差渐近收敛到零．

(3)路径跟踪子系统和协调控制子系统相互连接，基于小增益理论，可以证明互联系统是输入—状态稳定的．

2.2 欠驱动水下机器人运动模型分析

如图 2.1 所示，在惯性坐标系中定义位置和姿态角矢量

$\begin{bmatrix} x & y & z & \varphi & \theta & \psi \end{bmatrix}^{\mathrm{T}}$,其中$\varphi$表示横摇角,$\theta$表示纵摇角,$\psi$表示首摇角. 在智能体水下机器人载体坐标系中定义线速度和角速度矢量$\begin{bmatrix} u & v & w & p & q & r \end{bmatrix}^{\mathrm{T}}$,其中$u$、$v$和$w$分别表示纵荡、横荡和垂荡速度,$p$、$q$和$r$分别表示横摇、纵摇和首摇角速度. 假设自治水下机器人为刚体,外形关于纵平面对称,重心与载体坐标系原点重合,忽略横摇对垂荡运动的影响,可以假设$p = 0,\varphi = 0$. 基于文献[1],智能体水下机器人水平面运动和垂直面运动解耦,假设横荡速度$v = 0$,首摇角速度$r = 0$,纵荡速度u是已知的常数,自治水下机器人尾部有一个螺旋桨用来产生前进推力,操尾升降舵用来控制纵摇角,针对此结构的智能体水下机器人,可以将垂荡速度w看成一个小扰动,垂直面运动状态变量为深度z、纵摇角θ和纵摇角速度q.

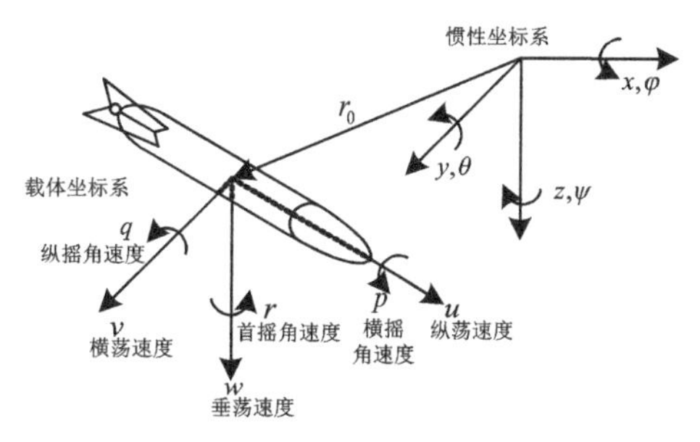

图2.1　机器人模型简图

接下来介绍标号为i的机器人在水下三维空间中的运动学模型和动力学模型.

图2.2描述了第i个机器人沿预定轨道运动时的建系情况,图中反映了三个坐标系间的关系, 其中$\{U\}$为固定的地球坐标系,也叫惯性坐标系. 为了方便水下运动研究,取xOy面为水平面,z轴正向指向地心,此坐标系为右手系. $\{B_i\}$为第i个机器人自身所形成的载体坐标系,Q_i代表质心,为了简化模型,通常将质心与载体坐标系$\{B_i\}$的原点重合. 机器人的径向方向为x_{1_i}轴,平面$x_{1_i}Q_iy_{1_i}$为机器人的横截面,z_{1_i}轴垂直于$x_{1_i}Q_iy_{1_i}$平面,并且x_{1_i}轴、y_{1_i}轴和z_{1_i}轴成右手坐标系. 我们用$\left[x_i, y_i, z_i\right]^{\mathrm{T}}$来定位质心$Q_i$在地球坐标系$\{U\}$中的位置,其中$x_i, y_i, z_i$分别为$Q_i$在$x$轴、$y$轴、$z$轴上的投影. 用向量$\left[Q_i, \theta_i, \psi_i\right]^{\mathrm{T}}$表示质心$Q_i$在地球坐标系$\{U\}$

中的方向角，其中，$\varphi_i,\theta_i,\psi_i$分别为向量$\overrightarrow{OQ_i}$与$x$轴、$y$轴、$z$轴所成的方向角．向量$\left[u_i,v_i,w_i\right]^{\mathrm{T}}$代表质心$Q_i$在载体坐标系$\left\{B_i\right\}$中的线速度，其中，$u_i,v_i,w_i$分别表示机器人的径向线速度、横向线速度和下潜线速度．向量$\left[p_i,q_i,r_i\right]^{\mathrm{T}}$代表机器人在载体坐标系$\left\{B_i\right\}$中的旋转角速度，其中，$p_i,q_i,r_i$分别表示机器人的横滚角速度、首摇角速度和下潜角速度．$\left\{F_i\right\}$为基于规划轨迹的Serret–Frenet目标参考坐标系，其中，P_i为规划路径上任意一点，选其作为$\left\{F_i\right\}$坐标系的原点，曲线路径在点P_i处的切线方向为$\bar{x}_{1_i}$轴、$\bar{y}_{1_i}$轴方向垂直于曲线与切线所在的平面，$\bar{z}_{1_i}$轴垂直于$\bar{x}_{1_i}P_i\bar{y}_{1_i}$平面，并且$\bar{x}_{1_i}$轴、$\bar{y}_{1_i}$轴和$\bar{z}_{1_i}$轴成右手坐标系．

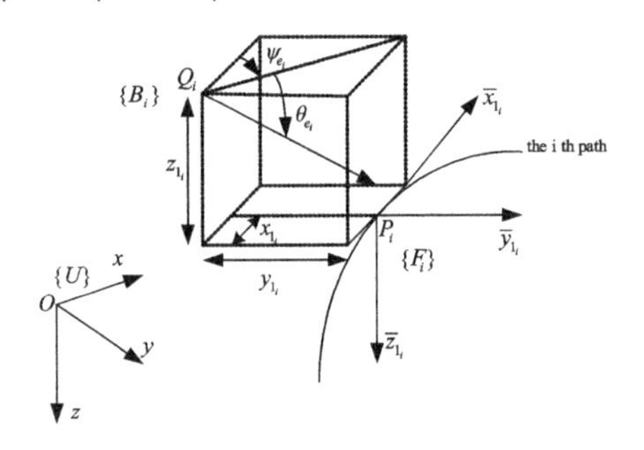

图2.2　第i个机器人路径跟踪建系图

机器人在运动过程中会产生一些横滚、首摇、下潜等动作，这些动作的完成是通过调节方向角实现的，下面介绍一些常用的方向角．定义$\gamma_{Q_i}=\arctan\left(\dot{y}_i/\dot{x}_i\right)$为航迹角，$\chi_{Q_i}=-\arctan\left(\dot{z}_i/\sqrt{\dot{x}_i^2+\dot{y}_i^2}\right)$为浮动，$\alpha_i=\arctan\left(w_i/u_i\right)$为攻角，$\beta_i=\arctan\left(v_i/\sqrt{u_i^2+w_i^2}\right)$为侧滑角，其中$u_i>0$. 自然地，可以得出结论：$\psi_i=\gamma_{Q_i}-\beta_i,\theta_i=\chi_{Q_i}-\alpha_i$. 定义$\bar{v}_i=\sqrt{u_i^2+v_i^2+w_i^2}$为合速度，则第$i$个机器人的运动学方程为[182]

$$
\begin{aligned}
\dot{x}_i &= \bar{v}_i\cos\gamma_{Q_i}\cos\chi_{Q_i}\\
\dot{y}_i &= \bar{v}_i\sin\gamma_{Q_i}\cos\chi_{Q_i}\\
\dot{z}_i &= \bar{v}_i\sin\chi_{Q_i}\\
\dot{\chi}_{Q_i} &= q_i+\dot{\alpha}_i\\
\dot{\gamma}_{Q_i} &= \dot{r}_i/\cos\theta_i+\dot{\beta}_i
\end{aligned}
\tag{2-1}
$$

在实际应用中，为了减轻机器人自身重量以实现节能高效的控制效果，缺省横向推进器和下潜推进器，并且忽略横滚运动对控制的影响，则第i号机器人的动力学模型为

$$
\begin{aligned}
T_{x_i} &= m_{u_i}\dot{u}_i + d_{u_i} \\
0 &= m_{v_i}\dot{v}_i + m_{u_i r_i}u_i r_i + d_{v_i} \\
0 &= m_{w_i}\dot{w}_i + m_{u_i q_i}u_i q_i + d_{w_i} \\
M_{T_{z_i}} &= m_{r_i}\dot{r}_i + d_{r_i} \\
M_{T_{y_i}} &= m_{q_i}\dot{q}_i + d_{q_i}
\end{aligned} \tag{2-2}
$$

其中，$m_{u_i} = m_i - X_{\dot{u}_i}, m_{v_i} = m_i - Y_{\dot{v}_i}, m_{w_i} = m_i - Z_{\dot{w}_i}, m_{r_i} = I_{z_i} - N_{\dot{r}_i}, m_{q_i} = I_{Y_i} - M_{\dot{q}_i}, m_{u_i r_i} = m_i - Y_{u_i r_i}, m_{u_i q_i} = m_i - Z_{u_i q_i}, d_{u_i} = -X_{u_i^2}u_i^2 - X_{v_i^2}v_i^2 - X_{w_i^2}w_i^2 - X_{q_i^2}q_i^2, d_{v_i} = -Y_{u_i v_i}u_i v_i - Y_{|v_i|v_i}\left|v_i\right|v_i, d_{w_i} = -Z_{u_i w_i}u_i w_i - Z_{|w_i|w_i}\left|w_i\right|w_i - m_i z_{g_i} q_i^2, d_{r_i} = -N_{u_i v_i}u_i v_i - N_{v_i|v_i|}v_i\left|v_i\right| - N_{u_i r_i}u_i r_i, \left(Z_{g_i}W_i - Z_{b_i}B_i\right)\sin\theta_i + m_i z_{g_i}\left(w_i q_i - v_i r_i\right)$.

其中，m_i代表第i个机器人的质量，$m_{(\cdot)}$为附加质量；T_{x_i}代表机器人径向方向的推进力，$M_{T_{z_i}}$为首摇转动力矩，$M_{T_{y_i}}$为下潜上浮转动力矩，这些推进力和转动力矩由执行控制器提供；$X_{(\cdot)}, Y_{(\cdot)}, Z_{(\cdot)}, M_{(\cdot)}, N_{(\cdot)}$均为水动力系数；矢量$\left|v_i\right|v_i, \left|w_i\right|w_i, \left|q_i\right|q_i$的方向分别由$v_i, w_i, q_i$的方向来确定，大小与矢量$v_i, w_i, q_i$的大小成正比；$I_{(\cdot)}$代表惯性力矩；$z_{g_i}$为第$i$号机器人在载体坐标系$\left\{B_i\right\}$中表达的重心坐标；$z_{b_i}$为第$i$号机器人在载体坐标系$\left\{B_i\right\}$中表达的浮力中心坐标；$W_i$代表第$i$号机器人的重力，$B_i$代表第$i$号机器人所受到的浮力.

注 2.1　从工程应用场景得到的真实反馈来看，执行器和螺旋桨的响应比机器人控制系统的响应快得多，因此，可以合理地忽略执行器和螺旋桨的动力学系统建模及控制问题，或者将它们的动力学系统视为未建模动态系统.

假设 2.1　由于机器人携带的资源有限，推进器和推进力矩不能无限输出，使得机器人的速度受到一定限制，通常情况下，我们假设机器人的侧移速度和下潜速度有界，即$\left|v_i\right| < B_{v_i}, \left|w_i\right| < B_{w_i}$，其中，$B_{v_i}$和$B_{w_i}$是未知常数.

假设 2.2　机器人配备足够的传感器、定位装置、测速仪、陀螺仪等，使得全维度的位置、方向、速度矢量可以得到实时反馈.

注 2.2 机器人身上配置的传感器既可以用来感知周围的环境,也可以对自身状态做及时反馈,同时还能对海洋环境数据进行采集和传输.

2.3 欠驱动水下机器人路径跟踪问题研究

本节研究机器人在Serret-Frenet坐标系$\{F_i\}$中的运动问题,基于空间规划路径,我们建立了$\{F_i\}$坐标系.对于第i个机器人,它的规划路径标号为i,P_i为该路径上任意一点.下面,以P_i为坐标原点建立空间直角坐标系.选取规划路径上过点P_i的切线方向为$\bar{x}_{1_i}$轴,此时规划路径与切线共面,选取与该平面垂直的方向为$\bar{y}_{1_i}$轴.最后,选择$\bar{x}_{1_i} \times \bar{y}_{1_i}$的向量方向为$\bar{z}_{1_i}$轴,即$\bar{z}_{1_i} = \bar{x}_{1_i} \times \bar{y}_{1_i}$, $P_i - \bar{x}_{1_i}\bar{y}_{1_i}\bar{z}_{1_i}$即为$\{F_i\}$坐标系.机器人的质心$Q_i$在$\{F_i\}$坐标系中的坐标为$\left[x_{1_i}, y_{1_i}, z_{1_i}\right]^{\mathrm{T}}$.

在$\{F_i\}$坐标系下,第i个机器人的运动学模型为[182]

$$\begin{aligned}
\dot{x}_{1_i} &= y_{1_i}c_{1_i}\left(s_i\right)\dot{s}_i - z_{1_i}c_{2_i}\left(s_i\right)\dot{s}_i + \bar{v}_i\cos\psi_{e_i}\cos\theta_{e_i} - \dot{s}_i \\
\dot{y}_{1_i} &= -x_{1_i}c_{1_i}\left(s_i\right)\dot{s}_i + \bar{v}_i\sin\psi_{e_i}\cos\theta_{e_i} \\
\dot{z}_{1_i} &= x_{1_i}c_{2_i}\left(s_i\right)\dot{s}_i - \bar{v}_i\sin\theta_{e_i} \\
\dot{\psi}_{e_i} &= r_i/\cos\theta_i + \dot{\beta}_i - c_{1_i}\left(s_i\right)\dot{s}_i \\
\dot{\theta}_{e_i} &= q_i + \dot{\alpha}_i - c_{2_i}\left(s_i\right)\dot{s}_i
\end{aligned} \tag{2-3}$$

其中,ψ_{e_i}和θ_{e_i}分别为$\{F_i\}$坐标系下机器人的首摇方向角误差和下潜方向角误差,$c_{1_i}\left(s_i\right)$和$c_{2_i}\left(s_i\right)$为路径的曲率,s_i为第i条规划路径的参数变量.通常情况下,可以选择机器人在规划路径上的移动距离作为参数s_i.

在$\{F_i\}$坐标系下,P_i作为第i条规划路径上任意一点,破除了路径规划问题中起始点受限的条件.从运动学模型(2-3)可见,为了便于控制器设计,我们可以选择r_i和q_i作为虚拟控制输入,以保证机器人以期望状态运动.下面我们将设计控制输入,使得误差变量$x_{1_i}, y_{1_i}, z_{1_i}, \psi_{e_i}$和$\theta_{e_i}$逐渐趋于零.

2.3.1 基于运动学模型的路径跟踪控制器设计

我们基于第i个机器人的运动学模型进行控制器设计,基于快速且精准导

航的需要引入视线角概念，如公式(2-4)和(2-5)所示：

$$\delta_{\psi_{e_i}}\left(y_{1_i}\right)=\arcsin\left(-k_{1_i}y_{1_i}\Big/\left(y_{1_i}^2+\varepsilon_{1_i}\right)\right) \tag{2-4}$$

$$\delta_{\theta_{e_i}}\left(z_{1_i}\right)=\arcsin\left(k_{2_i}z_{1_i}\Big/\left(z_{1_i}^2+\varepsilon_{2_i}\right)\right) \tag{2-5}$$

其中，$k_{1_i}>0, k_{2_i}>0, \varepsilon_{1_i}>0$ 和 $\varepsilon_{2_i}>0$ 为视线角参数，并且满足 $k_{1_i}^2-4\varepsilon_{1_i}\leqslant 0$ 和 $k_{2_i}^2-4\varepsilon_{2_i}\leqslant 0$，即视线角(2-4)和(2-5)的存在性条件.

我们已经对第 i 条规划路径进行了参数化处理，选择机器人质心在 $\left\{F_i\right\}$ 坐标系下沿规划路径移动的距离 s_i 作为路径参数. 对于每一个 s_i，可以对应变量 $x_{1_i}, y_{1_i}, z_{1_i}, \psi_{e_i}, \theta_{e_i}, c_{1_i}$ 和 c_{2_i} 的具体结果. 基于此，设计如下的控制律：

$$r_i=\cos\theta_i\left(-k_{3_i}\left(\psi_{e_i}-\delta_{\psi_{e_i}}\right)-\dot{\beta}_i+c_{1_i}\left(s_i\right)\dot{s}_i+\dot{\delta}_{\psi_{e_i}}\right), k_{3_i}>0 \tag{2-6}$$

$$q_i=-k_{4_i}\left(\theta_{e_i}-\delta_{\theta_{e_i}}\right)+c_{2_i}\left(s_i\right)\dot{s}_i+\dot{\delta}_{\theta_{e_i}}-\dot{\alpha}_i, k_{4_i}>0 \tag{2-7}$$

$$\dot{s}_i=\bar{v}_i\cos\psi_{e_i}\cos\theta_{e_i}+k_{5_i}x_{1_i},\ k_{5_i}>0 \tag{2-8}$$

定理2.1　公式(2-1)给出了第 i 个机器人的运动学模型，公式(2-3)给出了Serret-Frenet坐标系下路径跟踪误差模型，公式(2-4)和(2-5)给出了视线角定义式，则对于第 i 条规划路径 s_i，公式(2-6)(2-7)和(2-8)给出了控制律设计方法. 在控制律作用下，对于任意起始位置 Q_i，跟踪误差向量 $\left[x_{1_i}, y_{1_i}, z_{1_i}, \psi_{e_i}, \theta_{e_i}\right]^{\mathrm{T}}$ 都能渐近收敛到零向量 $[0,0,0,0,0]^{\mathrm{T}}$.

证明：第一步，对于第 i 个机器人给出代价函数，即选择一个和首摇角误差相关的李雅普诺夫函数如下：

$$V_{1_i}=\left(\psi_{e_i}-\delta_{\psi_{e_i}}\right)^2\Big/2 \tag{2-9}$$

则 V_{1_i} 的导数计算如下：

$$\dot{V}_{1_i}=\left(\psi_{e_i}-\delta_{\psi_{e_i}}\right)\left(\dot{\psi}_{e_i}-\dot{\delta}_{\psi_{e_i}}\right)=\left(\psi_{e_i}-\delta_{\psi_{e_i}}\right)\left(r_i/\cos\theta_i+\dot{\beta}_i-c_{1_i}\left(s_i\right)\dot{s}_i-\dot{\delta}_{\psi_{e_i}}\right) \tag{2-10}$$

将虚拟控制器(2-6)代入公式(2-10)中，可以得到：

$$\dot{V}_{1_i}=-k_{3_i}\left(\psi_{e_i}-\delta_{\psi_{e_i}}\right)^2\leqslant 0 \tag{2-11}$$

V_{1_i}是一个正定不增的函数,其上界为$\lim\limits_{t\to\infty} V_{1_i} = \lim\limits_{t\to\infty}\left(\psi_{e_i} - \delta_{\psi_{e_i}}\right)^2 \Big/ 2 = l_{i_{\max}}$.

V_{1_i}的二阶导数计算如下:$\ddot{V}_{1_i} = 2k_{3_i}^2\left(\psi_{e_i} - \delta_{\psi_{e_i}}\right)^2 \geqslant 0$. 二阶导数$\ddot{V}_{1_i}$的上界可以计算为:$\lim\limits_{t\to\infty} \ddot{V}_{1_i} = \lim\limits_{t\to\infty} 2k_{3_i}^2\left(\psi_{e_i} - \delta_{\psi_{e_i}}\right)^2 = 4k_{3_i}^2 l_{i_{\max}}$. $\ddot{V}_{1_i}$有界,则一阶导数$\dot{V}_{1_i}$是一致连续的. 基于Barbalat引理,可得

$$\lim_{t\to\infty} \dot{V}_{1_i} = 0 \Rightarrow \lim_{t\to\infty} \psi_{e_i} = \lim_{t\to\infty} \delta_{\psi_{e_i}} \tag{2-12}$$

第二步,定义一个新的与下潜角误差相关的李雅普诺夫函数:

$$V_{2_i} = \left(\theta_{e_i} - \delta_{\theta_{e_i}}\right)^2 \Big/ 2 \tag{2-13}$$

则V_{2_i}的一阶导数计算如下:

$$\dot{V}_{2_i} = \left(\theta_{e_i} - \delta_{\theta_{e_i}}\right)\left(\dot{\theta}_{e_i} - \dot{\delta}_{\theta_{e_i}}\right) = \left(\theta_{e_i} - \delta_{\theta_{e_i}}\right)\left(q_i + \dot{\alpha}_i - c_{2_i}\left(s_i\right)\dot{s}_i - \dot{\delta}_{\theta_{e_i}}\right) \tag{2-14}$$

将虚拟控制律(2-7)代入公式(2-14)中,可得

$$\dot{V}_{2_i} = -k_{4_i}\left(\theta_{e_i} - \delta_{\theta_{e_i}}\right)^2 \leqslant 0 \tag{2-15}$$

基于Barbalat引理[183],可以得到如下结论:

$$\lim_{t\to\infty} \dot{V}_{2_i} = 0 \Rightarrow \lim_{t\to\infty} \theta_{e_i} = \lim_{t\to\infty} \delta_{\theta_{e_i}} \tag{2-16}$$

在视线角$\delta_{\psi_{e_i}}$和$\delta_{\theta_{e_i}}$的快速精准导航下,第i个机器人的运动轨迹渐近收敛到如下不变集合中:

$$\left\{\Omega_{1_i} \middle| \left(x_{1_i}, y_{1_i}, z_{1_i}\right) \in \mathrm{R}^3, \psi_{e_i} = \delta_{\psi_{e_i}}, \theta_{e_i} = \delta_{\theta_{e_i}}\right\} \tag{2-17}$$

因此,$x_{1_i}, y_{1_i}, z_{1_i}, \psi_{e_i}$和$\theta_{e_i}$均为有界量.

第三步,基于位置误差变量设计一个新的李雅普诺夫函数如下:

$$V_{3_i} = \left(x_{1_i}^2 + y_{1_i}^2 + z_{1_i}^2\right) \Big/ 2 \tag{2-18}$$

计算V_{3_i}的一阶导数为

$$\begin{aligned}\dot{V}_{3_i} &= x_{1_i}\dot{x}_{1_i} + y_{1_i}\dot{y}_{1_i} + z_{1_i}\dot{z}_{1_i} \\ &= x_{1_i}\left(y_{1_i}c_{1_i}\left(s_i\right)\dot{s}_i - z_{1_i}c_{2_i}\left(s_i\right)\dot{s}_i + \bar{v}_i\cos\psi_{e_i}\cos\theta_{e_i} - \dot{s}_i\right) + \\ &\quad y_{1_i}\left(\bar{v}_i\sin\psi_{e_i}\cos\theta_{e_i} - x_{1_i}c_{1_i}\left(s_i\right)\dot{s}_i\right) + z_{1_i}\left(x_{1_i}c_{2_i}\left(s_i\right)\dot{s}_i - \bar{v}_i\sin\theta_{e_i}\right)\end{aligned}$$

$$= x_{1_i}\bar{v}_i\cos\psi_{e_i}\cos\theta_{e_i} - x_{1_i}\dot{s}_i + y_{1_i}\bar{v}_i\sin\psi_{e_i}\cos\theta_{e_i} - z_{1_i}\bar{v}_i\sin\theta_{e_i} \tag{2-19}$$

将控制律(2-8)代入公式(2-19)中,可以得到如下结果:

$$\begin{aligned}\dot{V}_{3_i} &= -k_{5_i}x_{1_i}^2 + y_{1_i}\bar{v}_i\sin\psi_{e_i}\cos\theta_{e_i} - z_{1_i}\bar{v}_i\sin\theta_{e_i}\\ &= -k_{5_i}x_{1_i}^2 + y_{1_i}\bar{v}_i\sin\delta_{\psi_{e_i}}\cos\delta_{\theta_{e_i}} - z_{1_i}\bar{v}_i\sin\delta_{\psi_{e_i}}\\ &= -k_{5_i}x_{1_i}^2 - k_{1_i}\bar{v}_i\cos\delta_{\theta_{e_i}}y_{1_i}^2\Big/\left(y_{1_i}^2 + \varepsilon_{1_i}\right) - k_{2_i}\bar{v}_i z_{1_i}^2\Big/\left(z_{1_i}^2 + \varepsilon_{2_i}\right)\end{aligned} \tag{2-20}$$

通常情况下,下潜方向角误差$\theta_{e_i} \in (-\pi/2,\ \pi/2)$,因此$\cos\theta_{e_i} = \cos\delta_{\theta_{e_i}} > 0$. 由公式(2-20)可见$\dot{V}_{3_i} \leqslant 0$. $\left(x_{1_i}, y_{1_i}, z_{1_i}\right) = (0,0,0)$为系统平衡点. 系统的运动轨迹将会逐渐收敛到以下的不变集合中:

$$\left\{\Omega_{2_i}\middle|\left(x_{1_i}, y_{1_i}, z_{1_i}\right) = 0^3, \psi_{e_i} = \delta_{\psi_{e_i}}, \theta_{e_i} = \delta_{\theta_{e_i}}\right\} \tag{2-21}$$

进一步可以得到如下结果:

$$\lim_{t\to\infty}\psi_{e_i} = \lim_{t\to\infty}\delta_{\psi_{e_i}} = \lim_{t\to\infty}\arcsin\left(-k_{1_i}y_{1_i}\Big/\left(y_{1_i}^2 + \varepsilon_{1_i}\right)\right) = 0 \tag{2-22}$$

$$\lim_{t\to\infty}\theta_{e_i} = \lim_{t\to\infty}\delta_{\theta_{e_i}} = \lim_{t\to\infty}\arcsin\left(k_{2_i}z_{1_i}\Big/\left(z_{1_i}^2 + \varepsilon_{2_i}\right)\right) = 0 \tag{2-23}$$

系统轨迹将渐近收敛到不变流形$\left\{\Omega_{3_i}\middle|\left(x_{1_i}, y_{1_i}, z_{1_i}, \psi_{e_i}, \theta_{e_i}\right) = 0^5\right\}$中.

最后,由前两步可见,在虚拟控制律(2-6)和(2-7)的作用下,任何始于集合R^5的解最终都会渐近收敛到不变集合$\left\{\Omega_{1_i}\middle|\left(x_{1_i}, y_{1_i}, z_{1_i}\right) \in R^3, \psi_{e_i} = \delta_{\psi_{e_i}}, \theta_{e_i} = \delta_{\theta_{e_i}}\right\}$中. 第三步说明了在跟踪误差控制律(2-8)的作用下,系统状态将渐近收敛到不变集合$\left\{\Omega_{2_i}\middle|\left(x_{1_i}, y_{1_i}, z_{1_i}\right) = 0^3, \psi_{e_i} = \delta_{\psi_{e_i}}, \theta_{e_i} = \delta_{\theta_{e_i}}\right\}$中. 并且,我们可以证明$\Omega_{2_i}$的实际最大不变集合等价于集合$\left\{\Omega_{3_i}\middle|\left(x_{1_i}, y_{1_i}, z_{1_i}, \psi_{e_i}, \theta_{e_i}\right) = 0^5\right\}$. 基于LaSalle不变集理论[183],系统轨迹将渐近收敛到最大的不变集$\left\{\Omega_{3_i}\middle|\left(x_{1_i}, y_{1_i}, z_{1_i}, \psi_{e_i}, \theta_{e_i}\right) = 0^5\right\}$中. 定理2.1证明完毕.

2.3.2　基于动力学模型的路径跟踪控制器设计

前文中,我们设计的虚拟控制律仅能适用于机器人运动学系统, 这里我们要解决基于动力学模型的控制问题,即对于第i个机器人的动力学系统设计控制算法,使其实际输出值渐近收敛到期望输出值. 在2.3.1中,第i个机器人的合速度$\bar{v}_i$是自由变量,即$\bar{v}_i$不受其他运动变量的影响. 但实际上,$\bar{v}_i$受期望速度$\bar{v}_{d_i}(s_i)$的影响,即$\bar{v}_i$是关于$\bar{v}_{d_i}(s_i)$的函数. 在2.3.2中,我们将合速度$\bar{v}_i$与期望速度$\bar{v}_{d_i}(s_i)$联系起来,并且仍将延续2.3.1中选定的v_i和q_i为虚拟控制输入. 那么,接下来的核心控制目标为:聚焦系统(2-1)~(2-3),设计其中的控制力T_{x_i}及力矩$M_{T_{z_i}}$和$M_{T_{y_i}}$,使得$u_i \neq 0$,与此同时,当$t \to \infty$时有$x_{1_i}(t) \to 0$,$y_{1_i}(t) \to 0$,$z_{1_i}(t) \to 0$,$\psi_{e_i}(t) \to 0$,$\theta_{e_i}(t) \to 0$和$\bar{v}_i - \bar{v}_{d_i}(s_i) \to 0$同时成立. 下面给出控制力及力矩的具体设计形式:

$$M_{T_{z_i}} = m_{r_i}\Big(\cos\theta_i\Big(-k_{3_i}\big(\dot{\psi}_{e_i} - \dot{\delta}_{\psi_{e_i}}\big) - \ddot{\beta}_i + c_{1_i}(s_i)\ddot{s}_i + \dot{c}_{1_i}(s_i)\dot{s}_i + \delta_{\psi_{e_i}}\Big) - q_i \sin\theta_i\Big(-k_{3_i}\big(\psi_{e_i} - \delta_{\psi_{e_i}}\big) - \dot{\beta}_i + c_{1_i}(s_i)\dot{s}_i + \dot{\delta}_{\psi_{e_i}}\Big) - k_{6_i}\Big) + d_{r_i} \tag{2-24}$$

$$M_{T_{y_i}} = m_{q_i}\Big(\dot{c}_{2_i}(s_i)\dot{s}_i + c_{2_i}(s_i)\ddot{s}_i + \ddot{\delta}_{\theta_{ei}} - \ddot{\alpha}_i - k_{4_i}\big(\dot{\theta}_{e_i} - \dot{\delta}_{\theta_{e_i}}\big) - k_{7_i}\varepsilon_{q_i}\Big) + d_{q_i} \tag{2-25}$$

$$T_{x_i} = \Big(v_i\big(m_{u_i r_i}u_i r_i + d_{v_i}\big)\big/\big(\bar{v}_i m_{n_i}\big) + w_i\big(m_{u_i q_i}u_i q_i + d_{w_i}\big)\big/\big(\bar{v}_i m_{w_i}\big) + \bar{v}_{d_i}(s_i) - k_{8_i}\big(\bar{v}_i - \bar{v}_{d_i}(s_i)\big)\Big)\cdot \bar{v}_i m_{u_i}/u_i + d_{u_i} \tag{2-26}$$

其中,$k_{6_i} > 0$,$k_{7_i} > 0$,$k_{8_i} > 0$,均为控制参数,可以通过自适应优化方法进行赋值.

在控制力设计式(2-26)中出现了分式函数,若要此控制力有效,则要求$u_i \neq 0$,此时也满足合速度$\bar{v}_i \neq 0$的条件. 而当$u_i = 0$时,T_{x_i}也应该为零,所以严格来说,T_{x_i}应设计成分段函数形式,为此作如下假设:

假设 2.3 控制力设计式(2-26)中的T_{x_i}为如下分段函数:

$$T_{x_i} = \begin{cases} v_i\big(m_{u_i r_i}u_i r_i + d_{v_i}\big)\big/\big(\bar{v}_i m_{v_i}\big) + w_i\big(m_{u_i q_i}u_i q_i + d_{w_i}\big)\big/\big(\bar{v}_i m_{w_i}\big) + \bar{v}_{d_i}(s_i) - k_{8_i}\big(\bar{v}_i - \bar{v}_{d_i}(s_i)\big)\cdot \bar{v}_i m_{u_i}/u_i + d_{u_i} & u_i \neq 0 \\ 0 & u_i = 0 \end{cases}$$

即当机器人的初始速度$u_i(0) \neq 0$时,则$T_{x_i}(0) \neq 0$. 如果出现某一时刻

$u_i(t)=0$,则$T_{x_i}(t)=0$.

下面给出Serret-Frenet坐标系下控制系统稳定性结论.

定理2.2 在惯性坐标系下给出机器人运动学模型(2-1),在载体坐标系下给出机器人动力学模型(2-2),通过引入的Serret-Frenet坐标系对路径跟踪误差系统进行建模,见系统(2-3).引入视线角(2-4)和(2-5)进行精准导航,机器人的速度跟踪误差为$\bar{v}_i-\bar{v}_{d_i}(s_i)$,其中,$\bar{v}_{d_i}(s_i)$为参考速度,它随着路径参数$s_i$的变化而发生改变,即$\dot{s}_i=\bar{v}_{d_i}(s_i)$.引入虚拟控制输入(2-6)(2-7)和(2-8),设计实际控制力及力矩(2-24)(2-25)和(2-26),则第i个机器人的路径跟踪误差在闭环系统中渐近收敛到零.

证明:首先给出虚拟控制输入r_i和q_i的期望结构,设计如下:

$$r_{1_i}=\cos\theta_i\left(-k_{3_i}\left(\psi_{e_i}-\delta_{\psi_{e_i}}\right)-\dot{\beta}_i+c_{1_i}(s_i)\dot{s}_i+\delta_{\psi_{e_i}}\right)\tag{2-27}$$

$$q_{1_i}=-k_{4_i}\left(\theta_{e_i}-\delta_{\theta_{e_i}}\right)+c_{2_i}(s_i)\dot{s}_i+\dot{\delta}_{\theta_{e_i}}-\dot{\alpha}_i\tag{2-28}$$

在实际控制过程中,虚拟控制器r_i和q_i的真实值和期望值之间有一定的误差,将误差定义为$\varepsilon_{r_i}=r_i-r_{1_i}$和$\varepsilon_{q_i}=q_i-q_{1_i}$,则

$$r_i=\varepsilon_{r_i}+r_{1_i}\tag{2-29}$$

$$q_i=\varepsilon_{q_i}+q_{1_i}\tag{2-30}$$

综合考虑系统误差变量,设计如下的李雅普诺夫函数:

$$V_{4_i}=V_{3_i}+\varepsilon_{r_i}^2/2+\varepsilon_{q_i}^2/2+\left(\bar{v}_i-\bar{v}_{d_i}(s_i)\right)^2/2\tag{2-31}$$

代价函数V_{4_i}的瞬时变化率为

$$\begin{aligned}\dot{V}_{4_i}=&\dot{V}_{3_i}+\varepsilon_{r_i}\left(M_{T_{z_i}}-d_{r_i}\right)/m_{r_i}+q_i\sin\theta_i\left(-k_{3_i}\left(\psi_{e_i}-\delta_{\psi_{e_i}}\right)-\dot{\beta}_i+c_{1_i}(s_i)\dot{s}_i+\dot{\delta}_{\psi_{e_i}}\right)-\\&\cos\theta_i\left(-k_{3_i}\left(\dot{\psi}_{e_i}-\dot{\delta}_{\psi_{e_i}}\right)-\ddot{\beta}_i+c_{1_i}(s_i)\ddot{s}_i+\dot{c}_{1_i}(s_i)+\ddot{\delta}_{\psi_{e_i}}\right)+\\&\varepsilon_{q_i}\left(\left(M_{T_{y_i}}-d_{q_i}\right)/m_{q_i}+k_{4_i}\left(\dot{\theta}_{e_i}-\delta_{\theta_{e_i}}\right)-\dot{c}_{2_i}(s_i)\dot{s}_i-c_{2_i}(\dot{s}_i)\ddot{s}_i-\ddot{\delta}_{\theta_{e_i}}+\ddot{\alpha}_i\right)+\\&\left(\bar{v}_i-\bar{v}_{d_i}(s_i)\right)\cdot\left(u_i\left(T_{x_i}-d_{u_i}\right)/\left(\bar{v}_i m_{u_i}\right)-v_i\left(m_{u_ir_i}u_ir_i+d_{v_i}\right)/\left(\bar{v}_i m_{v_i}\right)-\right.\\&\left.w_i\left(m_{u_iq_i}u_iq_i+d_{w_i}\right)/\left(\bar{v}_i m_{w_i}\right)-\bar{v}_{d_i}(s_i)\right)\end{aligned}\tag{2-32}$$

将实际控制力和力矩(2–24)(2–25)和(2–26)作用于v_{4_i}的瞬时变化率(2–32),可得

$$\begin{aligned}\dot{V}_{4_i} &= -k_{5_i}x_{1_i}^2 - k_{1_i}\bar{v}_i\cos\delta_{\theta_{e_i}}y_{1_i}^2\Big/\left(y_{1_i}^2+\varepsilon_{1_i}\right) - k_{2_i}\bar{v}_i z_{1_i}^2\Big/\left(z_{1_i}^2+\varepsilon_{2_i}\right) - \\ &\quad k_{6_i}\varepsilon_{r_i}^2 - k_{7_i}\varepsilon_{q_i}^2 - k_{8_i}\left(\bar{v}_i - \bar{v}_{d_i}\left(s_i\right)\right)^2 \\ &= -k_{5_i}x_{1_i}^2 - k_{9_i}y_{1_i}^2 - k_{10_i}z_{1_i}^2 - k_{6_i}\varepsilon_{r_i}^2 - k_{7_i}\varepsilon_{q_i}^2 - k_{8_i}\left(\bar{v}_i - \bar{v}_{d_i}\left(s_i\right)\right)^2 \end{aligned} \tag{2-33}$$

其中,$k_{9_i} = k_{1_i}\bar{v}_i\cos\delta_{\theta_{e_i}}\Big/\left(y_{1_i}^2+\varepsilon_{1_i}\right) > 0, k_{10_i} = k_{2_i}\bar{v}_i\Big/\left(z_{1_i}^2+\varepsilon_{2_i}\right) > 0$. 则

$$\dot{V}_{4_i} \leqslant -\lambda_i V_{4_i} \tag{2-34}$$

其中,$\lambda_i = 2\min\left\{k_{5_i}, k_{6_i}, k_{7_i}, k_{8_i}, k_{9_i}, k_{10_i}\right\}$. 则$x_{1_i}\to 0, y_{1_i}\to 0, z_{1_i}\to 0, \varepsilon_{r_i}\to 0$, $\varepsilon_{q_i}\to 0$和$\bar{v}_i - \bar{v}_{d_i}\left(s_i\right)\to 0$,即误差变量一致收敛到零. 在虚拟控制输入(2–6)和(2–7)的作用下,首摇方向角误差变量和下潜方向角误差变量也渐近趋于零,即$\psi_{e_i}\to 0, \theta_{e_i}\to 0$. 定理2.2证明完毕.

接下来,我们介绍一个渐近稳定性的性质定理,并将此定理应用于多机器人路径跟踪系统,进而说明整体控制系统的稳定性.

定理2.3 对于由n个机器人所组成的系统,路径跟踪子系统满足定理2.1和定理2.2的条件,其中,运动状态变量为$\bar{X}_{PF} = \left[\bar{X}_i\right]_{6n\times 1}$, $\bar{X}_i = \left[x_{1_i}, y_{1_i}, z_{1_i}, \varepsilon_{r_i}, \varepsilon_{q_i}, \bar{v}_i - \bar{v}_{d_i}\left(s_i\right)\right]^{\mathrm{T}}$,则存在一个李雅普诺夫函数$V_{PF}$满足$V_{PF} > 0$,并且其瞬时变化率满足$\dot{V}_{PF} \leqslant -\lambda_{PF}V_{PF}$,其中$\lambda_{PF} > 0$.

证明:对于第i个机器人,设计一个李雅普诺夫函数如下:

$$V_{4_i} = \bar{X}_i^{\mathrm{T}}\Gamma\bar{X}_i = \left\|\bar{X}_i\right\|^2\Big/2$$

其中,$\Gamma = \mathrm{diag}\left[1,1,1,1,1,1\right]\big/2$. 则$V_{4_i}$的瞬时变化率满足如下结论:

$$\dot{V}_{4_i} \leqslant -\lambda_i V_{4_i}$$

对于由n个机器人所组成的系统,设计一个适用于整体系统的李雅普诺夫函数为

$$V_{PF} = \sum_{i=1}^{n} V_{4_i} = \left\|\bar{X}_{PF}\right\|^2\Big/2 > 0$$

整体代价函数V_{PF}的瞬时变化率为

$$\dot{V}_{PF}=\sum_{i=1}^{n}\dot{V}_{4_i}\leqslant\sum_{i=1}^{n}-\lambda_iV_{4_i}=-\lambda_{PF}\sum_{i=1}^{n}V_{4_i}=-\lambda_{PF}V_{PF}$$

则对于由n个机器人所组成的系统,所有的路径跟踪误差变量会一致渐近趋于零.定理2.3证明完毕.

2.4 欠驱动水下机器人协调控制研究

当每一个机器人都完成了路径跟踪任务后,我们还希望机器人之间协调工作,相互配合,并且保持一定的队形,以实现更加高效的工作状态.从实际情况出发,我们应该根据期望路径的形态进行队形设计,这就需要以路径参数为依据来调整机器人的运动速度,使得不同的机器人在沿规划路径运动的过程中还能保持期望的相对距离和方向,从整体效果上看能够保持期望的队形结构.

基于第i个机器人的期望路径参数,我们定义其队形协调状态变量为$\gamma_i(s_i)$.对于第i个机器人和第j个机器人来说,当它们的协调状态达到$\gamma_i(s_i)-\gamma_j(s_j)=0$的效果时,则说明多机器人实现了协调控制目标,$i=1,2,\cdots,n,j\in N_i$,其中,$N_i$为所有与第$i$个机器人有通信连接的机器人编号集合.协调速度误差定义为

$$e_i=\dot{\gamma}_i-v_{\gamma_i}\tag{2-35}$$

其中,v_{γ_i}是期望的协调速度.协调状态的瞬时变化率计算如下:

$$\dot{\gamma}_i=\left(\mathrm{d}\gamma_i/\mathrm{d}s_i\right)\cdot\left(\mathrm{d}s_i/\mathrm{d}t\right)=\left(\mathrm{d}\gamma_i/\mathrm{d}s_i\right)\cdot\bar{v}_{d_i}=v_{D_i}\tag{2-36}$$

其中,v_{D_i}代表第i个机器人的协调速度.并且,我们给出多机器人状态的整合矩阵符号$\gamma=\left[\gamma_i\right]_{n\times1}$,$v_\gamma=\left[v_{\gamma_i}\right]_{n\times1}$,$E=\left[e_i\right]_{n\times1}$,$\bar{v}_D=\left[v_{D_1},\cdots,v_{D_n}\right]^{\mathrm{T}}$.

那么,协调控制问题就可以表述成如下形式:对于第i个机器人来说,$i=1,2,\cdots,n$.假设状态变量γ_i和γ_j可以通过传感器获得,$j\in N_i$,为了实现协调状态变量一致的效果,即$\lim\limits_{t\to\infty}\left(\gamma_i-\gamma_j\right)=0$,并且实现编队速度误差收敛的效果,即$\left|\dot{\gamma}_i-v_{D_i}\right|\to0$,需要我们来设计协调控制律$v_{\gamma_i}$.

协调控制需要基于一定的拓扑结构和算法理论,所以接下来将介绍一些本书后续协调控制所需的图论知识和一致性结论,并在此基础上给出一些重要的

二级结论.

2.4.1 图论知识简介

本段引入新的符号$G(v, \lambda)$代表一个无向图,这个无向图是多机器人之间的通信连接网络.其中,v代表所有通信节点所构成的集合,即对于由i个机器人所组成的通信连接网络而言,$v = \{1, 2, \cdots, n\}$; λ代表连接不同节点的边的集合.在通信结构中,如果第i个节点与第j个节点之间有边,就说明第i个节点与第j个节点是连通的.如果从节点i到节点j一共有$r+1$个连通的节点,我们把这条连通路径长度记为r.在通信拓扑网络$G(v, \lambda)$中,如果任意两个节点之间都至少有一条连通的路径,则称网络$G(v, \lambda)$是连通的.在通信拓扑网络$G(v, \lambda)$中,记A为邻接矩阵,$A = \left(a_{ij}\right)_{n \times n}$为$n$阶方阵,其中,若第$i$个节点与第$j$个节点之间是连通的,则$a_{ij} = 1$;若第$i$个节点与第$j$个节点之间是不连通的,则$a_{ij} = 0$,并且规定$a_{ij} = 1, i=1, 2, \cdots, n$.在通信拓扑网络$G(v, \lambda)$中,记$D$为度矩阵,$D = \left(d_{ij}\right)_{n \times n}$是一个对角型矩阵,其中,$d_{ii} = \left|N_i\right|$,$\left|N_i\right|$为集合$N_i$的势,集合$N_i$为与第$i$个节点有通信连接的所有节点构成的集合.如果通信拓扑网络$G(v, \lambda)$是连通的,则矩阵$D^{-1}(D-A)$是半正定的,即对于任意非零的n维实列向量x,都有$xD^{-1}(D-A)x \geqslant 0$.通信拓扑网络$G(v, \lambda)$的拉普拉斯算子定义为$L = D - A$,从矩阵$D$和矩阵$A$的定义可见,矩阵$L$是对称的,并且满足$L\mathbf{1} = \mathbf{0}$,其中$\mathbf{1} = [1]_{n \times 1}$,$\mathbf{0} = [0]_{n \times 1}$.如果通信拓扑网络$G(v, \lambda)$是连通的,则矩阵$L$有一个特征值为零,其相应的特征向量为$\mathbf{1}$,矩阵$L$的其余特征值都为正数.

下面,定义一个协调误差向量:

$$\tilde{\gamma} = D^{-1}(D - A)\gamma \tag{2-37}$$

如果通信拓扑网络$G(v, \lambda)$是连通的,则矩阵$D^{-1}(D-A)$的秩为$n-1$,并且

$$D^{-1}(D - A)\cdot\mathbf{1} = \mathbf{0}$$

$$\tilde{\gamma} = \mathbf{0} \Leftrightarrow \gamma_i = \gamma_j \Leftrightarrow \gamma \in \operatorname{span}\{\mathbf{1}\} \tag{2-38}$$

2.4.2 多机器人协调控制

从协调误差向量(2-37)式可知,$\tilde{\gamma}$的瞬时变化率可以计算为

$$\dot{\tilde{\gamma}} = D^{-1}(D - A)\dot{\gamma} = D^{-1}(D - A)\bar{v}_D \tag{2-39}$$

当第i个机器人可以从其有通信连接的机器人处获得协调信息时，我们可以设计如下的分布式反馈控制律v_γ：

$$v_\gamma = \bar{v}_D + KD^{-1}(D - A)\gamma \tag{2-40}$$

其中，$K = \mathrm{diag}\left[k_i\right] \in \mathrm{R}_{n\times n}, k_i > 0, i = 1,2,\cdots,n$. 将控制律(2-40)作用于系统(2-39)中，则协调动态系统可表示为

$$\dot{\tilde{\gamma}} = D^{-1}(D - A)v_\gamma = D^{-1}(D - A)KD^{-1}(D - A)\gamma \tag{2-41}$$

即$\dot{\tilde{\gamma}} = D^{-1}(D - A)v_\gamma - D^{-1}(D - A)K\tilde{\gamma}$. 这里，我们将控制信号$v_\gamma$视为干扰信号，则$\tilde{\gamma} = 0$是闭环系统$\dot{\tilde{\gamma}} = -D^{-1}(D - A)K\tilde{\gamma}$的平衡点. 并且，此平衡点是全局一致渐近稳定的.

定理2.4　将系统(2-39)作为协调误差动态系统，设计分布式反馈控制率(2-40)，则在网络拓扑是连通的条件下，协调动态闭环系统(2-41)是输入—状态稳定的.

证明：对于协调误差动态系统，选择如下的一个代价函数：

$$V_5 = \frac{1}{2}\tilde{\gamma}^{\mathrm{T}}K^{-1}\tilde{\gamma} \tag{2-42}$$

此代价函数V_5的增量比极限为

$$\begin{aligned}\dot{V}_5 &= \tilde{\gamma}^{\mathrm{T}}K^{-1}\dot{\tilde{\gamma}} = \tilde{\gamma}^{\mathrm{T}}K^{-1}\left(D^{-1}(D - A)v_\gamma - D^{-1}(D - A)K\tilde{\gamma}\right)\\ &= \tilde{\gamma}^{\mathrm{T}}K^{-1}D^{-1}(D - A)v_\gamma - \tilde{\gamma}^{\mathrm{T}}D^{-1}(D - A)\tilde{\gamma}\\ &= \tilde{\gamma}^{\mathrm{T}}K^{-1}D^{-1}(D - A)v_\gamma - (1 - \lambda + \lambda)\tilde{\gamma}^{\mathrm{T}}D^{-1}(D - A)\tilde{\gamma}\\ &= -(1 - \lambda)\tilde{\gamma}^{\mathrm{T}}D^{-1}(D - A)\tilde{\gamma} + \tilde{\gamma}^{\mathrm{T}}K^{-1}D^{-1}(D - A)v_\gamma - \lambda\tilde{\gamma}^{\mathrm{T}}D^{-1}(D - A)\tilde{\gamma}\end{aligned} \tag{2-43}$$

其中，$0 < \lambda < 1$，$\tilde{\gamma}$和v_γ均为有界量. $\tilde{\gamma}$的上界可以通过调整参数k_i来获得，即选择足够大的参数k_i使得如下的不等式成立：

$$\left\|\tilde{\gamma}\right\| \leqslant \left\|v_\gamma K^{-1}/\lambda\right\| \tag{2-44}$$

由于$D^{-1}(D - A)$是半正定矩阵，所以可以由(2-43)和(2-44)得到如下结论：

$$\dot{V}_5 \leqslant -(1 - \lambda)\tilde{\gamma}^{\mathrm{T}}D^{-1}(D - A)\tilde{\gamma} \leqslant 0 \tag{2-45}$$

即增量比极限$\dot{V}_5$是半负定的. 由$\tilde{\gamma}$的有界性公式(2-44)可得$\left\|v_\gamma - \bar{v}_D\right\| \leqslant \left\|v_\gamma\right\|/\lambda$，即$\tilde{\gamma}$是输入—状态稳定的，其控制输入信号为$v_\gamma$. 因而，$n$个机器人所构

成的闭环协调控制系统是输入—状态稳定的. 定理2.4证明完毕.

定理2.5 考虑一个整合系统,该系统由单个机器人的路径跟踪控制系统与多机器人协调控制系统组合而成,如图2.3给出了这种级联系统$\sum$的结构示意图. 对于由n个机器人所构成的系统,路径跟踪子系统满足定理2.1,2.2和2.3,协调控制子系统满足定理2.4,则级联系统$\sum$是输入—状态稳定的,其状态变量为$\tilde{\gamma}$和$\overline{X}_{PF}$,控制输入为τ,其中,$\tau=\left[\tau_1^{\mathrm{T}},\cdots,\tau_n^{\mathrm{T}}\right]^{\mathrm{T}}$,$\tau_i=\left[T_{x_i},M_{T_{y_i}},M_{T_{z_i}}\right]^{\mathrm{T}}$,$i=1,2,\cdots,n$.

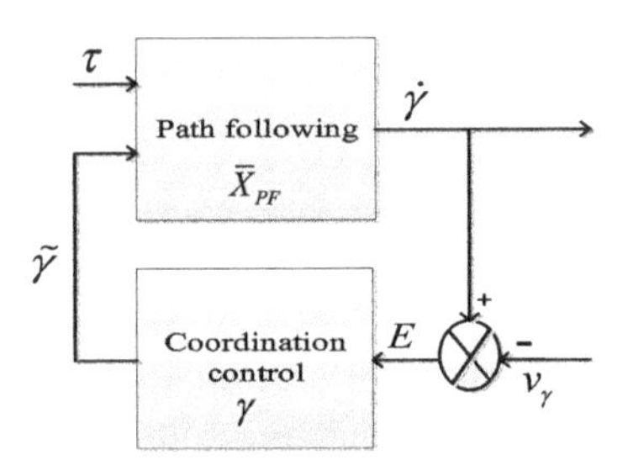

图2.3 级联闭环系统结构示意

证明: 由定理2.3可知,$\dot{V}_{PF}\leqslant-\lambda_{PF}V_{PF}$,即对每一个$\eta_{PF}>0$,都有$T\left(\eta_{PF}\right)>0$使得

$$\left\|\overline{X}_{PF}\right\|\leqslant\eta_{PF},\quad\forall t\geqslant t_0+T\left(\eta_{PF}\right),\quad\forall\left\|\overline{X}_{PF}\right\|<c_{PF}\tag{2-46}$$

由定理2.4可知,存在一组KL函数β_{CC}和一组K函数γ_{CC},使得对于任意的初始状态$\tilde{\gamma}\left(t_0\right)$,任意的有界输入$v_\gamma$和一切$t\geqslant t_0$,系统解$\tilde{\gamma}(t)$都存在,并且满足

$$\left\|\tilde{\gamma}(t)\right\|\leqslant\beta_{CC}\left(\left\|\tilde{\gamma}\left(t_0\right)\right\|,\ t-t_0\right)+\gamma_{CC}\left(\sup_{\tau_{CC}\geqslant t_0}\left\|v_\gamma\left(\tau_{CC}\right)\right\|\right),\quad\forall t\geqslant t_0\tag{2-47}$$

对于由(2-46)和(2-47)组成的级联系统,考虑输入—状态小增益定理,即可证明系统稳定性. 定理2.5证明完毕.

2.5 仿真分析

为了进一步验证理论推导出的控制器的有效性,本节对控制系统进行MATLAB数字仿真. 我们选择五个智能体水下机器人,即$i=1,2,3,4,5$,给出五条期望路径,并且希望五个机器人能够沿着各自指定的路径运动,同时,机器人

之间保持并肩前进的队形要求.

对于五个机器人来说,选择五条期望路径如下:

$$\left[0.866t-\frac{t^2}{50}+\frac{t^3}{10^5}+\frac{t^4}{1.5\times10^6},\frac{t}{2}-\frac{t^2}{5\times10^4}+\frac{t^3}{10^5}+\frac{t^4}{10^7},\frac{t}{10}\right]$$

$$\left[0.866t-\frac{t^2}{50}+\frac{t^3}{10^5}+\frac{t^4}{1.5\times10^6}-7,\frac{t}{2}-\frac{t^2}{5\times10^4}+\frac{t^3}{10^5}+\frac{t^4}{10^7}-0.5,\frac{t}{10}-0.2\right]$$

$$\left[0.866t-\frac{t^2}{50}+\frac{t^3}{10^5}+\frac{t^4}{1.5\times10^6}+7,\frac{t}{2}-\frac{t^2}{5\times10^4}+\frac{t^3}{10^5}+\frac{t^4}{10^7}+0.5,\frac{t}{10}+0.2\right]$$

$$\left[0.866t-\frac{t^2}{50}+\frac{t^3}{10^5}+\frac{t^4}{1.5\times10^6}-4,\frac{t}{2}-\frac{t^2}{5\times10^4}+\frac{t^3}{10^5}+\frac{t^4}{10^7}-0.8,\frac{t}{10}-0.1\right]$$

$$\left[0.866t-\frac{t^2}{50}+\frac{t^3}{10^5}+\frac{t^4}{1.5\times10^6}+4,\frac{t}{2}-\frac{t^2}{5\times10^4}+\frac{t^3}{10^5}+\frac{t^4}{10^7}+0.8,\frac{t}{10}+0.1\right]$$

对于五个机器人来说,它们各自的初始位置可以选取为$[-20,10,1]$,$[-10,10,1.5]$,$[-15,8,1.2]$,$[-12,9,1.3]$和$[0,0,0]$,初始首摇角度可以选取为$\pi,\frac{5\pi}{6},-\frac{2\pi}{3}$,0和$\frac{\pi}{6}$,初始径向速度可以选取为$u_1(0)=4\ \mathrm{m/s}$,$u_2(0)=3.5\ \mathrm{m/s}$,$u_3(0)=2.5\ \mathrm{m/s}$,$u_4(0)=2\ \mathrm{m/s}$,$u_5(0)=3\ \mathrm{m/s}$,初始侧向横移速度可以选取为$v_1(0)=v_2(0)=v_3(0)=v_4(0)=v_5(0)=0$,初始首摇角速度可以选取为$r_1(0)=r_2(0)=r_3(0)=r_4(0)=v_5(0)=0$.

机器人动力学系统参数根据实物选定为如下数据:

$m_i=2\,234.5\ \mathrm{kg},X_{\dot{u}_i}=-142\ \mathrm{kg},Y_{\dot{v}_i}=-1\,715\ \mathrm{kg},Z_{\dot{w}_i}=2.0\ \mathrm{kg}$,

$I_{z_i}=2\,000\ \mathrm{N\cdot m^2},N_{\dot{r}_i}=-1\,350\ \mathrm{N\cdot m^2},I_{Y_i}=20\ \mathrm{N\cdot m^2},M_{\dot{q}_i}=7\ \mathrm{N\cdot m^2}$,

$Y_{u_ir_i}=435\ \mathrm{kg},Z_{u_iq_i}=60\ \mathrm{kg},X_{u_i^2}=-35.4\ \mathrm{kg\cdot m^{-1}},X_{v_i^2}=-128.4\ \mathrm{kg\cdot m^{-1}}$,

$X_{w_i^2}=-50.4\ \mathrm{kg\cdot m^{-1}},X_{q_i^2}=78.6\ \mathrm{N\cdot m^{-1}},Y_{u_iv_i}=-346\ \mathrm{kg\cdot m^{-1}}$,

$Y_{|v_i|v_i}=-667\ \mathrm{kg\cdot m^{-1}},N_{u_iv_i}=-686\ \mathrm{kg},N_{|v_i|v_i}=443\ \mathrm{kg},N_{u_ir_i}=-1\,427\ \mathrm{kg\cdot m}$.

控制律参数根据调整最优解选取如下:

$k_{1_i}=1,k_{2_i}=1,k_{3_i}=2,k_{4_i}=2,k_{5_i}=1,k_{6_i}=2,k_{7_i}=2,k_{8_i}=5,\varepsilon_{1_i}=1,k_{2_i}=1$,

$N_1=\{5,\ 4\},N_2=\{1,\ 3\},N_3=\{5,\ 2\},N_4=\{2,\ 3\},N_5=\{1,\ 4\}$,

$$K=\begin{bmatrix}10&0&0&0&0\\0&8&0&0&0\\0&0&5&0&0\\0&0&0&9&0\\0&0&0&0&6\end{bmatrix},A=\begin{bmatrix}0&0&0&1&1\\1&0&1&0&0\\0&1&5&0&1\\0&1&1&0&0\\1&0&0&1&0\end{bmatrix},D=\begin{bmatrix}2&0&0&0&0\\0&2&0&0&0\\0&0&2&0&0\\0&0&0&2&0\\0&0&0&0&2\end{bmatrix},$$

$$\gamma_i=\frac{\mathrm{d}s_i}{\mathrm{d}t},\bar{v}_D=[3\quad 3\quad 3\quad 3\quad 3]^{\mathrm{T}}.$$

图2.4为五个机器人在三维空间x-y-z坐标系下的运动轨迹.

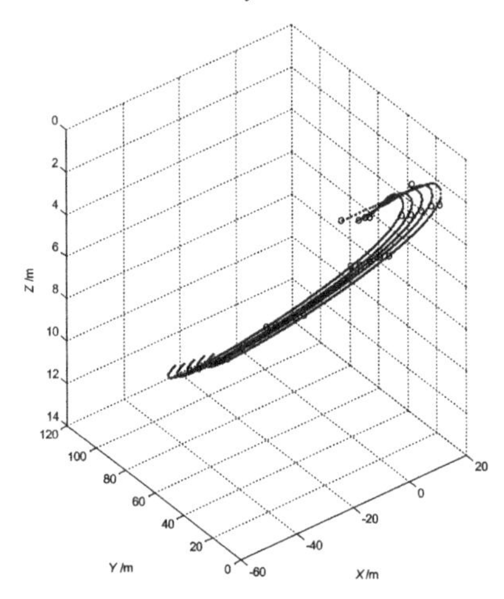

图2.4　领航—跟随者运动轨迹

从图像效果来看,机器人能够沿各自指定的轨道行驶,同时保持沿轨迹法线方向并肩前进的队形状态.

图2.5给出了Serret-Frenet坐标系下五个机器人的路径跟踪误差情况.由图可见,初始误差在控制律作用下快速收敛到系统稳定平衡点.

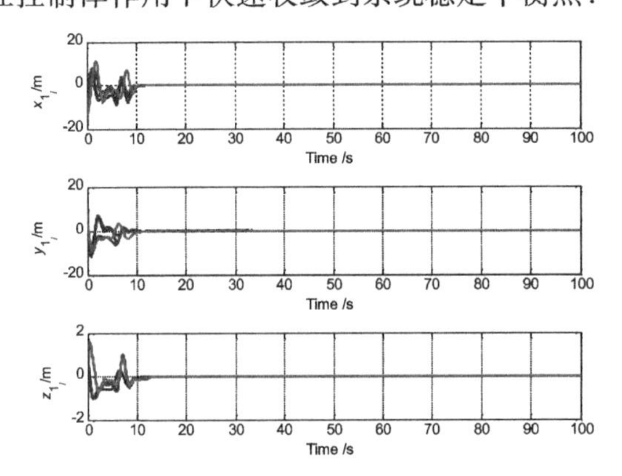

图2.5　路径跟踪误差曲线

图2.6给出了协调误差的变化曲线.由图可见,通过对机器人速度的调整,协调状态误差γ_{ij}渐近趋于零,即实现了状态一致的效果.

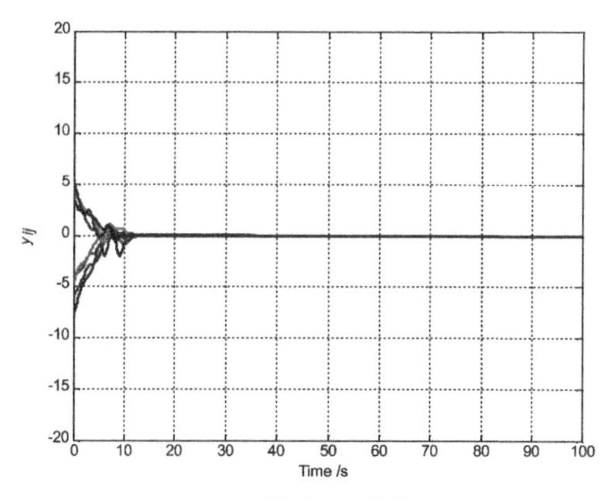

图2.6　协调误差曲线

图2.7给出了机器人的线速度曲线.由图可知,机器人径向速度稳定在3 m/s,横向侧移速度稳定在0.1 m/s,下潜速度稳定在0, 这与我们设定的机器人运动状态相符.

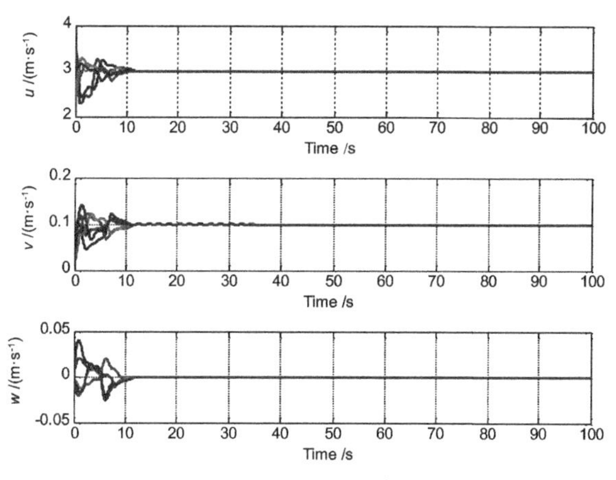

图2.7　机器人线速度曲线

图2.8给出了机器人的角速度曲线.由图可见,下潜角速度稳定在0,首摇角速度稳定在0.58 rad/s.

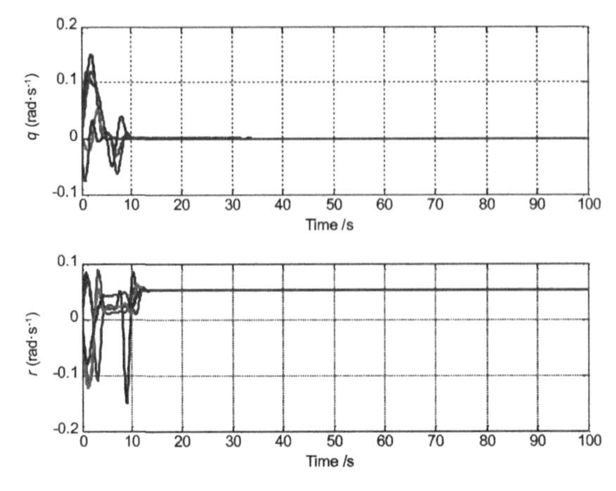

图 2.8　机器人角速度曲线

图 2.9 给出了控制力及力矩曲线. 由图可知, 径向驱动力稳定在 80 N 附近, 下潜力矩稳定在 0, 首摇方向力矩稳定在 −40 N·m 附近.

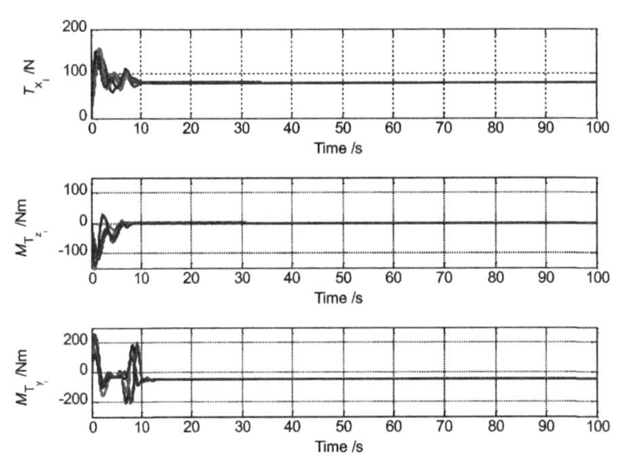

图 2.9　控制力及力矩曲线

2.6　本章小结

本章采用降维分解的思想解决协调控制问题, 优点是通过任务分解先解决单个机器人的路径规划问题, 再通过调节速度达到编队的目的. 该方法降低了控制器设计的难度, 同时也能兼顾机器人非线性系统的复杂性、控制力及力矩的有界性, 并且能使控制误差快速渐近收敛到零. 缺点是机器人的运动轨迹

需要提前设定，没有灵活性和随机性，对于执行复杂水下任务的机器人而言有一定局限性．所以接下来，我们将继续致力于协调控制的研究，从控制方法、控制环境、控制限制条件等多方面全面考虑与改进．

第3章　基于滤波反步法的协调控制问题研究

本章针对领航—跟随编队问题进行控制器设计研究. 研究对象依然为欠驱动水下机器人,运动环境为水下三维空间,传感器反馈的测量数据带有噪声干扰,在此条件下,本章提出了基于滤波的反步控制方法. 经典的反步控制方法需要对虚拟控制信号的瞬时变化率进行推算,这就增加了控制器设计的复杂度,同时也提高了对传感器反馈数据的精确度要求. 基于滤波法的反步控制法就很好地避免了此问题,它不需要直接计算虚拟信号的增量比极限,简化了控制器推导的难度,同时还能降低测量噪声的影响,使系统有很强的自适应性和鲁棒性.

3.1　引言

对于水下三维空间的欠驱动型机器人来说,已经有很多协调控制方面的研究成果. 对于协调控制问题,需要多个机器人的运动状态满足编队结构的要求. 文献中已经出现的多机器人编队协调控制方法有:基于行为的编队控制方法[184]、虚拟结构方法[185]、领航—跟随编队策略[186]、分布式协调控制[187-190]等. 通过对现有编队控制方法的学习和总结可以知道,领航—跟随编队控制方法,即主从式方法,由于其简单性和可靠性,已被广泛应用于设计机器人的编队问题[191].

在文献[192—194]中,领航—跟随型编队控制方法使用多个机器人作为领航者,其他机器人作为跟随者. 这种方法易于理解,并且在领航机器人不受干扰的情况下能够确保整个系统的队形结构. 然而,如果跟随机器人受到干扰,除非系统能够将跟随机器人的编队误差实时反馈,否则将无法维持期望的队形结

构[195]. 在参考文献[196]中,作者研究了多个自治水下机器人的领航—跟随型编队模式. 该文献给出了带有扰动的领航机器人和跟随机器人的相对运动方程,并通过反馈线性化的方法将其转化为线性系统, 然后针对线性系统设计了前馈和反馈最优控制律. 然而,由于线性化限制了初始误差的范围,使得该方法具有很大的局限性. 在文献[197]中,作者研究了一个自主移动机器人网络的自适应队形控制问题. 其中只有两个领航机器人能够接收到期望的参考速度信号,而其他机器人都是扮演跟随机器人的角色. 假设每个跟随机器人都有两个"邻居"能与其进行通信连接,从而形成级联互联系统. 基于以上分析,该文献设计了一种自适应编队控制律,该控制律可以驱动每一个跟随机器人与其相邻的两个跟随机器人之间形成特定的三角形队列结构. 在文献[198]中,作者介绍了欠驱动船舶编队控制与约束条件下的多机器人系统建模之间的联系,为领 航—跟随型编队系统设计了一个动态控制器,完成了领航—跟随型编队的路径跟踪任务和编队协同任务. 在文献[199]中,基于领航—跟随型编队控制策略,作者严格基于李雅普诺夫稳定方法设计了非线性路径跟踪控制器,该控制器能够将一组机器人驱动到指定的平行路径上. 该路径为一系列曲线,这些曲线是以水下管道为准线,母线平行于竖轴的柱面与垂直于竖轴的一系列平面相交而成的. 同时,该机器人系统保持三角形队列结构,以捕获水下管线完整的3D图像,从而完成检测工作.

反步法控制设计作为一种有效的非线性控制方法在机器人控制器设计中有着广泛的应用,它不以线性化为前提条件,避免了初始误差有界性的限制. 在文献[200]所提及的多机器人编队系统中,非线性模型被近似地设置成严格反馈形式,并通过反步法技术进行控制器设计. Fiorentii等提出了一种非线性时间序列闭环控制方法[201-202],该方法作为反步控制技术的进一步拓展,可以解决非严格反馈形式下的控制器设计问题. 虽然反步法是一种有效设计反馈控制器的方法,但是系统中虚拟控制输入的推导运算可能仍然是设计过程中一个沉重的负担. 随着系统阶数的增加,虚拟控制输入的推导运算变得更加复杂. 因此,将滤波技术引入反步法中可以大大降低虚拟控制输入的计算难度[203-205], 该方法也适用于欠驱动的水下航行器系统[182],[206].

在对上述文献学习和研究的基础上,本章提出了基于滤波的反步控制技术来解决水下三维空间中多机器人的领航—跟随型编队控制问题. 滤波反步控制策略是基于文献[203]~[205]中的观点而来的. 我们采用文献[182]中的二阶滤波器来解决输入控制信号和虚拟控制信号的典型约束问题. 同时,滤波器还可以避免反推过程中虚拟控制信号求导所引起的计算量爆炸的问题, 然后引入辅助系统,分析系统限制条件对约束控制的影响. 此外,还引入了虚拟领航机器人来形成空间目标曲线路径, 通信信息在每个跟随机器人和虚拟领航机器人之间进行交换. 本章定义了跟随机器人与虚拟领航机器人之间的相对位移和方向角变量,根据期望编队目标要求定义了编队误差变量. 然后,对于欠驱动的跟随机器人建立了二阶编队动力学模型,以简化控制器设计过程. 利用李雅普诺夫稳定性理论,证明了闭环系统中的所有误差信号渐近收敛到零. 基于一个领航机器人和两个跟随机器人系统进行的数值实验表明,该控制算法收敛速度快,具有很大的在线应用潜力. 本章选择一个虚拟领航机器人进行路径规划,它的每个坐标都是预期的准确位置信息. 当然,也可以选择真实的机器人作为领航者来规划路径. 通常情况下,机器人运动是通过计算机控制的,一方面,规划好的路径信息可以提前输入计算机程序中;另一方面,机器人通过传感器获取深度、速度、航向角和位置信息,这些信息反馈到计算机程序中,基于这些信息,可以构造控制力和力矩,进行实时更新,从而实现领航—跟随型编队控制目标.

文献[206]研究了水平面上欠驱动型智能体水下机器人群的协同自适应跟踪控制设计问题,本章的控制方法与文献[206]中的方法相比,有三个不同之处:

(1)本章研究了水下三维空间中机器人群的协同跟踪控制问题. 因此,维度的增加以及海洋环境下复杂水动力的影响,使得协调误差系统的建立更加复杂,控制器的设计难度更大.

(2)本章建立的协调误差系统与文献[206]的不同. 首先,在惯性坐标系下,领航机器人和第i个跟随机器人之间期望的相对位置误差和相对方向误差转化为载体坐标系下的数学模型. 其次,定义了第i个跟随机器人相对于虚拟领航机器人的距离和方向角. 最后,定义了编队跟踪误差变量.

(3)本章的控制结果与文献[206]的不同. 在本章所提出的编队跟踪控制器作用下,闭环系统中的编队跟踪误差指数收敛到零.

3.2 三维空间中机器人运动模型分析

本节我们给出第i个机器人的三维空间运动模型,其中$i=1,2,\cdots,n$. 鉴于机

安徽师范大学出版社 新书推荐

ANHUI NORMAL UNIVERSITY PRESS

2022年第3期　总第3期

我的第一本双语国学书·《论语》

戴兆国/主编　定价：39.8元(单本)

《我的第一本双语国学书·〈论语〉》共分五册，精选了《论语》一书中与儿童成长密切相关又富含大道的妙语，深入发掘了中华优秀传统文化的丰富内涵，促进少儿亲近传统文化，夯实英语基础，拓展阅读视野。

《老子》注译与思想世界

陆建华/著　定价：46.8元

本书是安徽大学陆建华教授研究《老子》三十余年的成果精华，由"《老子》注译"和"《老子》的思想世界"两个部分构成，让读者既能读懂《老子》原文，又能弄清《老子》的主要思想。

重叠的梦

袁业健/著　定价：56元

- 本书是一个90后诗人的自选集，共收131首新诗
- 格调健康，意象多元，意蕴丰赡
- 这不仅仅是一部诗集，也是年轻诗人的成长史

繁昌窑研究

汪发志/编著　定价：99元

繁昌窑是中国青白瓷的摇篮，所产精品青白瓷有"类玉似冰"之美。本书系统研究繁昌窑的发掘成果及青白瓷烧造工艺、产品特征等，图文并茂，全面展现了繁昌窑的千年瓷韵。

器人躯干部分为圆柱形的设计特点，我们可以合理地忽略机器人的横滚运动，即忽略机器人绕载体坐标系横轴的旋转运动．这样第i个机器人的运动学系统可以表述如下：

$$\begin{aligned}
\dot{x}_i &= u_i \cos\psi_i \cos\theta_i - v_i \sin\psi_i + w_i \cos\psi_i \sin\theta_i \\
\dot{y}_i &= u_i \sin\psi_i \cos\theta_i + v_i \cos\psi_i + w_i \sin\psi_i \sin\theta_i \\
\dot{z}_i &= -u_i \sin\theta_i + w_i \cos\theta_i \\
\dot{\theta}_i &= q_i \\
\dot{\psi}_i &= \frac{r_i}{\cos\theta_i}
\end{aligned} \tag{3-1}$$

这里，$\{U\}$代表同时容纳所有机器人的惯性坐标系；$\{B_i\}$为第i个机器人自身的载体坐标系；Q_i代表机器人的质心．为了简化机器人运动的数学模型，我们通常将载体坐标系$\{B_i\}$的原点Q_{B_i}选定为机器人的质心Q_i的位置．$[x_i, y_i, z_i]^{\mathrm{T}}$为惯性坐标系$\{U\}$中质心$Q_i$的位置向量；$[\theta_i, \psi_i]^{\mathrm{T}}$代表惯性坐标系$\{U\}$中质心$Q_i$的方向角向量；$[u_i, v_i, w_i]^{\mathrm{T}}$为机器人在载体坐标系$\{B_i\}$中的线速度向量；$[q_i, r_i]^{\mathrm{T}}$为机器人在载体坐标系$\{B_i\}$中的旋转角速度向量．

对于欠驱动的机器人而言，其动力学系统可以表述如下：

$$\begin{aligned}
m_{11i}\dot{u}_i &= m_{22i}v_i r_i - m_{33i}w_i q_i - d_{11i}u_i + F_{1i} + \tau_{1i} \\
m_{22i}\dot{v}_i &= -m_{11i}u_i r_i - d_{22i}v_i + \tau_{2i} \\
m_{33i}\dot{w}_i &= m_{11i}u_i q_i - d_{33i}w_i + \tau_{3i} \\
m_{55i}\dot{q}_i &= \left(m_{33i} - m_{11i}\right)u_i w_i - d_{55i}q_i - \rho g \nabla \overline{GM}_{L_i}\sin\theta_i + F_{2i} + \tau_{5i} \\
m_{66i}\dot{r}_i &= \left(m_{11i} - m_{22i}\right)u_i v_i - d_{66i}r_i + F_{3i} + \tau_{6i}
\end{aligned} \tag{3-2}$$

其中，$m_{11i} = m_i - X_{\dot{u}i}$，$m_{22i} = m_i - X_{\dot{v}i}$，$m_{33i} = m_i - Z_{\dot{w}i}$，$m_{55i} = I_{Yi} - M_{\dot{q}i}$，$m_{66i} = I_{zi} - N_{\dot{r}i}$，$d_{11i} = -X_{ui}$，$d_{22i} = -Y_{vi}$，$d_{33i} = -Z_{wi}$，$d_{55i} = -M_{qi}$，$d_{66i} = -N_{ri}$．$m_i$和$m_{(\cdot)}$分别代表第$i$个机器人的质量和附加质量；$F_{1i}$，$F_{2i}$和$F_{3i}$分别代表推进器提供的力及力矩；$X_{(\cdot)}$，$Y_{(\cdot)}$，$Z_{(\cdot)}$，$M_{(\cdot)}$和$N_{(\cdot)}$均代表水动力系数；$I_{(\cdot)}$为机器人的惯性力矩；$\rho$代表海水密度；$g$为重力加速度；$\nabla$代表海水体积；$\overline{GM}_{L_i}$代表机器人的纵向稳心高度；$\tau_i = [\tau_{1i}, \tau_{2i}, \tau_{3i}, \tau_{4i}, \tau_{5i}, \tau_{6i}]^{\mathrm{T}}$代表系统未建模动态和外部环境干扰．

假设3.1 机器人的侧向横移是有界的，即$\sup\limits_{t \geqslant 0}\|v_i(t)\| < B_{vi}$，但是具体的上界$B_{vi}$是一个位置常数，$i = 1, 2, \cdots, n$．$\|x\| := \sqrt{x^{\mathrm{T}}x}$，即本章采用欧几里得范数

来计算向量$x \in \mathbf{R}^n$的长度.

注3.1 基于参考文献[207]和[208],我们可以系统地分析多机器人侧向横移速度的被动有界性.由于在实践中,系统(3-2)第二个方程式中的流体动力阻尼力在侧向横移方向上占主导地位,侧向横移速度受此阻尼力的影响而减小,因此假设3.1是合理的.感兴趣的读者可以参考文献[207]来详细分析这个假设条件.

注3.2 在对机器人的实际操控过程中,执行器和推进器的响应远远要比机器人运动响应迅速得多,因此,本章合理地忽略了执行器和推进器的动力学系统,并将它们视为未建模动力学.

下面,我们对虚拟领航机器人的运动学系统进行建模:

$$
\begin{aligned}
&\dot{x}_d = u_d \cos\psi_d \cos\theta_d - v_d \sin\psi_d + w_d \cos\psi_d \sin\theta_d \\
&\dot{y}_d = u_d \sin\psi_d \cos\theta_d + v_d \cos\psi_d + w_d \sin\psi_d \sin\theta_d \\
&\dot{z}_d = -u_d \sin\theta_d + w_d \cos\theta_d \\
&\dot{\theta}_d = q_d \\
&\dot{\psi}_d = \frac{r_d}{\cos\theta_d} \\
&m_{11}\dot{u}_d = m_{22}v_d r_d - m_{33}w_d q_d - d_{11}u_d + F_{1d} \\
&m_{22}\dot{v}_d = -m_{11}u_d r_d - d_{22}v_d \\
&m_{33}\dot{w}_d = m_{11}u_d q_d - d_{33}w_d \\
&m_{55}\dot{q}_d = \left(m_{33} - m_{11}\right)u_d w_d - d_{55}q_d - \rho g \nabla \overline{GM}_L \sin\theta_d + F_{2d} \\
&m_{66}\dot{r}_d = \left(m_{11} - m_{22}\right)u_d v_d - d_{66}r_d + F_{3d}
\end{aligned} \tag{3-3}
$$

对于虚拟领航机器人来说,系统(3-3)中的变量是受限的,具体见如下假设:

假设3.2 虚拟参考目标变量$u_d, q_d, r_d, \dot{u}_d, \dot{q}_d, \dot{r}_d$均为有界量,并且存在一个正定常数$u_{d\min}$,使得对任意的$t \geqslant 0$,都有$\left|u_d(t)\right| \geqslant u_{d\min}$成立.另外,$v_d(t), w_d(t)$和$\theta_d(t)$对一切$t \geqslant 0$都满足不等式$\left|v_d(t)\right| < \left|u_d(t)\right|, \left|w_d(t)\right| < \left|u_d(t)\right|, \left|\theta_d(t)\right| < \frac{\pi}{2}$.

假设3.3 对于操控范围内的所有机器人,它们在六个自由度上的位置、方向角、线速度、旋转角速度数据是可以通过传感器实时反馈的.

为了推导编队控制律,需要将第i个跟随机器人与虚拟领航机器人之间的位置误差和方向角误差从惯性坐标系下转换到载体坐标系下,接下来我们介绍这个转换系统[209]:

$$
\begin{aligned}
&e_{i1} = \left(x_i - x_d\right)\cos\psi_i\cos\theta_i + \left(y_i - y_d\right)\sin\psi_i\cos\theta_i - \left(z_i - z_d\right)\sin\theta_i \\
&e_{i2} = -\left(x_i - x_d\right)\sin\psi_i + \left(y_i + y_d\right)\cos\psi_i \\
&e_{i3} = \left(x_i - x_d\right)\cos\psi_i\sin\theta_i + \left(y_i - y_d\right)\sin\psi_i\sin\theta_i + \left(z_i - z_d\right)\cos\theta_i \\
&e_{i4} = \theta_i - \theta_d \\
&e_{i5} = \psi_i - \psi_d
\end{aligned} \tag{3-4}
$$

分别求解系统(3-4)中误差变量的瞬时变化率,可以在载体坐标系下得到如下的误差动态系统:

$$
\begin{aligned}
\dot{e}_{i1} = {} & u_i - u_d - u_d\left(\cos e_{i4} - 1 + \cos\theta_i\cos\theta_d\left(\cos e_{i5} - 1\right)\right) - v_d\cos\theta_i\sin e_{i5} + \\
& w_d\left(\sin e_{i4} - \cos\theta_i\sin\theta_d\left(\cos e_{i5} - 1\right)\right) + r_i e_{i2} - q_i e_{i3}
\end{aligned} \tag{3-5}
$$

$$
\begin{aligned}
\dot{e}_{i2} = {} & v_i - v_d + u_d\cos\theta_d\sin e_{i5} - v_d\left(\cos e_{i5} - 1\right) - w_d\sin\theta_d\sin e_{i5} - \\
& r_i\left(e_{i1} + e_{i3}\tan\theta_i\right)
\end{aligned} \tag{3-6}
$$

$$
\begin{aligned}
\dot{e}_{i3} = {} & u_i - u_d - u_d\left(\cos e_{i4} + \sin\theta_i\cos\theta_d\left(\cos e_{i5} - 1\right)\right) - v_d\sin\theta_i\sin e_{i5} - \\
& w_d\left(\cos e_{i4} - 1 + \sin\theta_i\sin\theta_d\left(\cos e_{i5} - 1\right)\right) + r_i e_{i2}\tan\theta_i + q_i e_{i1}
\end{aligned} \tag{3-7}
$$

$$
\dot{e}_{i4} = q_i - q_d \tag{3-8}
$$

$$
\dot{e}_{i5} = \frac{r_i - r_d}{\cos\theta_i} + \frac{r_d}{\cos\theta_i\cos\theta_d}\left(\left(1 - \cos e_{i4}\right)\cos\theta_d + \sin\theta_d\sin e_{i4}\right) \tag{3-9}
$$

假设3.4 本章的目标是设计编队控制律,使得虚拟领航机器人与跟随机器人之间保持一定的队形结构.一般情况下,领航机器人和跟随机器人之间会存在一定的距离,因此,系统(3-4)中的$e_{i1} \neq 0$.根据实际情况,我们假设$e_{i1} \neq 0$,这样可以同时避免控制律的奇异性问题.

下面,我们给出第i个跟随机器人的合误差与误差方向角的定义式:

$$
e_{i6} = \sqrt{e_{i1}^2 + e_{i2}^2 + e_{i3}^2} \tag{3-10}
$$

$$
e_{i7} = \arctan\left(\frac{e_{i3}}{\sqrt{e_{i1}^2 + e_{i2}^2}}\right) \tag{3-11}
$$

$$
e_{i8} = \arctan\left(\frac{e_{i2}}{e_{i1}}\right) \tag{3-12}
$$

其中,$\arctan\left(\frac{x}{y}\right) \in \left(-\frac{\pi}{2}, \frac{\pi}{2}\right)$.下面给出系统(3-10)~(3-12)的瞬时变化率

计算结果：

$$\dot{e}_{i6}=\frac{1}{e_{i6}}\Big\{e_{i1}\Big[u_i-u_d-u_d\Big(\cos e_{i4}-1+\cos\theta_i\cos\theta_d\big(\cos e_{i5}-1\big)\Big)-v_d\cos\theta_i\text{sine}_{i5}+w_d\Big(\sin e_{i4}-\cos\theta_i\sin\theta_d\big(\cos e_{i5}-1\big)\Big)+r_ie_{i2}-q_ie_{i3}\Big]+e_{i2}\Big[v_i-v_d+u_d\cos\theta_d\sin e_{i5}-v_d\big(\cos e_{i5}-1\big)-w_d\sin\theta_d\sin e_{i5}-r_i\big(e_{i1}+e_{i3}\tan\theta_i\big)\Big]+e_{i3}\Big[w_i-w_d-w_d\Big(\sin e_{i4}+\sin\theta_i\cos\theta_d\big(\cos e_{i5}-1\big)\Big)-v_d\sin\theta_i\text{sine}_{i5}-w_d\Big(\cos e_{i4}-1+\sin\theta_i\sin\theta_d\big(\cos e_{i5}-1\big)\Big)+r_ie_{i2}\tan\theta_i+q_ie_{i1}\Big]\Big\}\tag{3-13}$$

$$\dot{e}_{i7}=\frac{1}{e_{i6}^2}\Big\{\sqrt{e_{i1}^2+e_{i2}^2}\cdot\Big[w_i-w_d-w_d\Big(\sin e_{i4}+\sin\theta_i\cos\theta_d\big(\cos e_{i5}-1\big)\Big)-v_d\sin\theta_i\text{sine}_{i5}-w_d\Big(\cos e_{i4}-1+\sin\theta_i\sin\theta_d\big(\cos e_{i5}-1\big)\Big)+r_ie_{i2}\tan\theta_i+q_ie_{i3}\Big]-e_{i1}e_{i3}\Big[u_i-u_d-u_d\Big(\cos e_{i4}-1+\cos\theta_i\cos\theta_d\big(\cos e_{i5}-1\big)\Big)-v_d\sin\theta_i\text{sine}_{i5}+u_d\cos\theta_d\sin e_{i5}-v_d\big(\cos e_{i5}-1\big)-w_d\sin\theta_d\sin e_{i5}-r_i\big(e_{i1}+e_{i3}\tan\theta_i\big)\Big]\Big\}\tag{3-14}$$

$$\dot{e}_{i8}=\frac{1}{e_{i1}^2+e_{i2}^2}\Big\{e_{i1}\Big[v_i-v_d+v_d\cos\theta_d\sin e_{i5}-v_d\big(\cos e_{i5}-1\big)-w_d\sin\theta_d\sin e_{i5}-r_i\big(e_{i1}+e_{i3}\tan\theta_i\big)\Big]-e_{i2}\Big[u_i-u_d-u_d\Big(\cos e_{i4}-1+\cos\theta_i\cos\theta_d\big(\cos e_{i5}-1\big)\Big)-v_d\cos\theta_i\sin e_{i5}+w_d\Big(\sin e_{i4}-\cos\theta_i\sin\theta_d\big(\cos e_{i5}-1\big)\Big)+r_ie_{i2}-q_ie_{i3}\Big]\Big\}\tag{3-15}$$

控制目标：设计一个开环路径生成系统，以此作为虚拟领航机器人，其运动轨迹为空间中一条光滑有界参考路径$\left[x_d, y_d, z_d\right]^{\mathrm{T}}$. 对于第$i$个跟随机器人来说，设计控制力及力矩信号$\left[F_{1i}, F_{2i}, F_{3i}\right]^{\mathrm{T}}$需要满足如下条件：第$i$个跟随机器人跟踪虚拟领航机器人，使得$\lim\limits_{t\to\infty}\left|e_{i6}-e_{i6d}\right|\leqslant\varepsilon_{ei6}$，$\lim\limits_{t\to\infty}\left|e_{i7}-e_{i7d}\right|\leqslant\varepsilon_{ei7}$和$\lim\limits_{t\to\infty}\left|e_{i8}-e_{i8d}\right|\leqslant\varepsilon_{ei8}$，其中，$e_{i6}$，$e_{i7}$和$e_{i8}$是第$i$个跟随机器人的合误差与误差方向角，$e_{i6d}$，$e_{i7d}$和$e_{i8d}$代表期望值，$\varepsilon_{ei6}$，$\varepsilon_{ei7}$和$\varepsilon_{ei8}$均为任意小的正定常数.

注3.3 本章我们研究的多机器人编队控制问题主要聚焦在控制输入约束引起的问题上，因此可以合理地弱化其他复杂因素的影响. 比如，我们假设所有

跟随机器人具有相同的型号，即它们的动力学系统完全相同，并且在控制过程中不存在机器人丢失、损坏或者通信连接中断的情况．机器人的差异化和通信中断情况下的协调控制问题，我们将在后续继续研究．

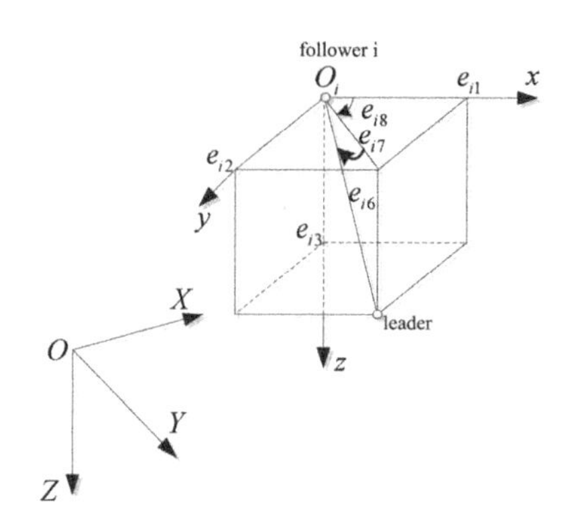

图3.1　领航—跟随机器人编队控制系统

3.3　跟随者控制器设计

3.3.1　基础知识介绍

本节我们将基于系统(3-1)～(3-12)设计一个光滑有界状态反馈控制器，该控制器作用于系统可使得第i个跟随机器人与领航机器人之间保持期望的队形结构．为此，我们首先定义队形跟踪误差变量为$e_{i9}=e_{i6}-e_{i6d}$，$e_{i10}=e_{i7}-e_{i7d}$，$e_{i11}=e_{i8}-e_{i8d}$，$i=1,2,\cdots,n$. 其中，e_{i6d}，e_{i7d}和e_{i8d}分别为第i个跟随机器人的期望队形合误差与误差方向角变量，分别计算e_{i9}，e_{i10}和e_{i11}的增量比极限可以得到队形误差动态系统：$\dot{e}_{i9}=\dot{e}_{i6}-\dot{e}_{i6d}$，$\dot{e}_{i10}=\dot{e}_{i7}-\dot{e}_{i7d}$，$\dot{e}_{i11}=\dot{e}_{i8}-\dot{e}_{i8d}$.

为了进行水下编队控制研究，需要考虑水声通信对信号传输的影响，反馈信号中常常会有噪声的干扰，这就提高了对控制器品质的要求．反步控制方法具有快速收敛误差的效果，但是由于此方法中需要对虚拟控制信号进行瞬时变化率的推算，加大了控制器计算的难度，同时对干扰信号要进行它法处理，不能同时兼顾．因此，本章采用基于滤波的反步控制方法，该方法避免了对虚拟控制信号直接求导，可以简化控制器的推导难度，同时滤波器还可以大大降低测量噪声的影响，起到了一举两得的作用．下面，我们给出二阶滤波器的设计结构：

$$\begin{bmatrix} u_{ir} \\ \dot{u}_{ir} \end{bmatrix}^{\mathrm{T}} = \begin{bmatrix} 0 & 1 \\ -\omega_n^2 & -2\xi\omega_n \end{bmatrix}\begin{bmatrix} u_{ir} \\ \dot{u}_{ir} \end{bmatrix} + \begin{bmatrix} 0 \\ \omega_n^2 \end{bmatrix} u_{ir}^0 \tag{3-16}$$

其中，ξ 和 ω_n 分别为二阶滤波器的阻尼比率系数和惯性频率．记 u_{ir}^0 为期望虚拟控制信号，u_{ir} 和 $\dot{u}_{ir}$ 分别为滤波器(3-16)的虚拟控制信号及其瞬时变化率．下面给出由输入信号 u_{ir}^0 到输出信号 u_{ir} 的传递函数：

$$\frac{u_{ir}(s)}{u_{ir}^0(s)} = G(s) = \frac{\omega_n^2}{s^2 + 2\xi\omega_n s + \omega_n^2} \tag{3-17}$$

鉴于系统(3-17)的结构形式，如果选择足够大的惯性频率 ω_n，则滤波传递函数 $G(s)$ 的带宽将远远大于输入信号 u_{ir}^0 的带宽．因此，误差信号 $\left|u_{ir}^0(t) - u_{ir}(t)\right|$ 将会逐渐减小，从而滤波器的有效性是自然的．与此同时，由图3.2可见，信号 $\dot{u}_{ir}$ 的获取是通过前向信息的积分运算而不是微分运算．此方法可以大幅度减少高频测量噪声对系统反馈数据的影响，同时也解决了信号 u_{ir}^0 不可微时的瞬时变化率求取问题．然而，较大的惯性频率 ω_n 将会增加高频噪声对系统的影响，所以我们需要选择一个合适的惯性频率值来平衡误差的减小效果与高频噪声的影响效果．

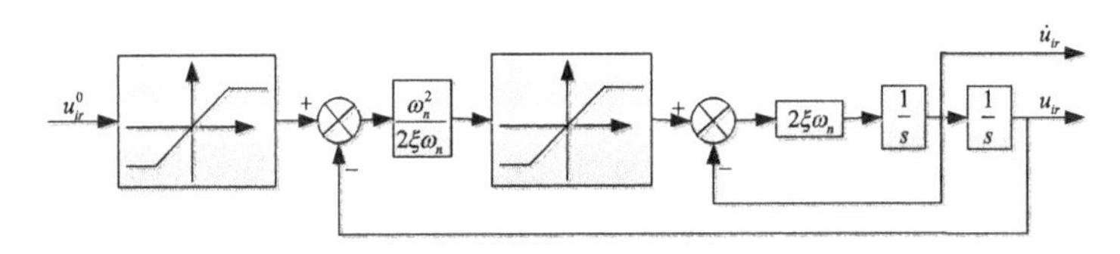

图3.2　二阶滤波器

以同样的方式，我们可以给出如下的下潜角速度和首摇角速度的滤波器模型：

$$\begin{bmatrix} q_{ir} \\ \dot{q}_{ir} \end{bmatrix}^{\mathrm{T}} = \begin{bmatrix} 0 & 1 \\ -\omega_n^2 & -2\xi\omega_n \end{bmatrix}\begin{bmatrix} q_{ir} \\ \dot{q}_{ir} \end{bmatrix} + \begin{bmatrix} 0 \\ \omega_n^2 \end{bmatrix} q_{ir}^0 \tag{3-18}$$

$$\begin{bmatrix} r_{ir} \\ \dot{r}_{ir} \end{bmatrix}^{\mathrm{T}} = \begin{bmatrix} 0 & 1 \\ -\omega_n^2 & -2\xi\omega_n \end{bmatrix}\begin{bmatrix} q_{ir} \\ \dot{r}_{ir} \end{bmatrix} + \begin{bmatrix} 0 \\ \omega_n^2 \end{bmatrix} r_{ir}^0 \tag{3-19}$$

其中，q_{ir}^0 和 r_{ir}^0 均为期望的虚拟控制信号，q_{ir}，r_{ir}，$\dot{q}_{ir}$ 和 $\dot{r}_{ir}$ 为实际的虚拟控制信号及其通过上述滤波器计算得到的瞬时变化率．

3.3.2　基于滤波反步法的控制器设计

本节中，我们将推导编队控制律．基于滤波反步法，非线性控制律推导分四步进行：

第一步，为了化简误差动态系统(3–13)式，同时简化控制律推导过程，我们可以定义如下的函数：

$$
\begin{aligned}
f_{i1}\left(q_i, r_i\right) = \frac{1}{e_{i6}}\Big\{ & e_{i1}\Big[-u_d - u_d\Big(\cos e_{i4} - 1 + \cos\theta_i \cos\theta_d\big(\cos e_{i5} - 1\big)\Big) - v_d\cos\theta_i\text{sine}_{i5} + \\
& w_d\Big(\sin e_{i4} - \cos\theta_i \sin\theta_d\big(\cos e_{i5} - 1\big)\Big) + r_i e_{i2} - q_i e_{i3}\Big] + e_{i2}\Big[v_i - v_d + \\
& u_d\cos\theta_d\text{sine}_{i5} - v_d\big(\cos e_{i5} - 1\big) - w_d\sin\theta_d\text{sine}_{i5} - r_i\big(e_{i1} + e_{i3}\tan\theta_i\big)\Big] + \\
& e_{i3}\Big[w_i - w_d - u_d\Big(\sin e_{i4} + \sin\theta_i \cos\theta_d\big(\cos e_{i5} - 1\big)\Big) - v_d \sin\theta_i \sin\theta_{i5} - \\
& w_d\Big(\cos e_{i4} - 1 + \sin\theta_i \sin\theta_d\big(\cos e_{i5} - 1\big)\Big) + r_i e_{i2}\tan\theta_i + q_i e_{i1}\Big]\Big\}
\end{aligned}
\tag{3-20}
$$

则得到系统 $\dot{e}_{i6} = \frac{e_{i1}}{e_{i6}}u_i + f_{i1}\left(q_i, r_i\right)$. 设计控制输入信号 u_i，并将其作用于标量系统 $\dot{e}_{i9} = \frac{e_{i1}}{e_{i6}}u_i + f_{i1}\left(q_i, r_i\right) - \dot{e}_{i6d}$ 中，从而使得误差系统稳定在原点，即 $e_{i9} = 0$. 将跟踪误差补偿信号定义为 $e_{i12} = e_{i9} - s_{i1}$，则其瞬时变化率为

$$
\dot{e}_{i12} = \dot{e}_{i9} - \dot{s}_{i1} = \dot{e}_{i6} - \dot{e}_{i6d} - \dot{s}_{i1} = \frac{e_{i1}}{e_{i6}}u_i + f_{i1}\left(q_i, r_i\right) - \dot{e}_{i6d} - \dot{s}_{i1} \tag{3-21}
$$

其中，s_{i1} 用来抵消误差信号 e_{i12}，并且满足 $s_{i1}(0) = 0$. 下面，定义一个径向滤波速度误差：

$$
e_{i13} = u_i - u_{ir} \tag{3-22}
$$

其中，u_{ir} 为虚拟控制输入．下面设计补偿信号 s_{i1} 的瞬时变化率：

$$
\dot{s}_{i1} = -k_{i1}s_{i1} + \frac{e_{i1}}{e_{i6}}\left(u_{ir} - u_{ir}^0\right) + f_{i1}\left(q_i, r_i\right), k_{i1} > 0 \tag{3-23}
$$

将径向滤波速度误差(3–22)式和补偿信号瞬时变化率(3–23)式同时作用于误差系统(3–21)中，可以得到如下系统结构：

$$
\dot{e}_{i12} = k_{i1}s_{i1} + \frac{e_{i1}}{e_{i6}}e_{i13} + \frac{e_{i1}}{e_{i6}}u_{ir}^0 - \dot{e}_{i6d} + f_{i1}\left(q_i, r_i\right) - f_{i1}\left(q_{ir}, r_{ir}\right) \tag{3-24}
$$

下面定义一个新的跟踪误差补偿信号：

$$e_{i14} = e_{i13} - s_{i2} \tag{3-25}$$

其中s_{i2}用来抵消误差信号e_{i14}，并且满足$s_{i2}(0) = 0$. 设计如下形式的期望虚拟控制律：

$$u_{ir}^0 = -\frac{k_{i1}e_{i6}}{e_{i1}}e_{i9} - s_{i2} + \frac{e_{i6}}{e_{i1}}\dot{e}_{i6d} - \frac{e_{i6}}{e_{i1}}\left(f_{i1}\left(q_i, r_i\right) - f_{i1}\left(q_{ir}, r_{ir}\right)\right) \tag{3-26}$$

将跟踪误差补偿信号(3-25)式和期望虚拟控制律(3-26)式同时作用于误差系统(3-24)中，可以得到如下形式的系统结构：

$$\dot{e}_{i12} = -k_{i1}e_{i12} + e_{i14}\cdot\frac{e_{i1}}{e_{i6}} \tag{3-27}$$

对于系统(3-27)，选择一个代价函数，即李雅普诺夫函数$V_{i1} = \frac{1}{2}e_{i12}^2$，其增量比极限为

$$\dot{V}_{i1} = e_{i12}\dot{e}_{i12} = -k_{i1}e_{i12}^2 + e_{i12}e_{i14}\cdot\frac{e_{i1}}{e_{i6}} \tag{3-28}$$

对系统(3-25)的误差信号求导，可得

$$\begin{aligned}\dot{e}_{i14} &= \dot{e}_{i13} - \dot{s}_{i12} = \dot{u}_i - \dot{u}_{ir} - \dot{s}_{i12}\\ &= \frac{m_{22i}v_ir_i - m_{33i}w_iq_i - d_{11i}u_i + F_{1i} + \tau_{1i}}{m_{11i}} - \dot{u}_{ir} - \dot{s}_{i2}\end{aligned} \tag{3-29}$$

设计如下的补偿项结构：

$$\dot{s}_{i2} = -k_{i2}s_{i2},\ \ k_{i2} > 0 \tag{3-30}$$

第二步，为了化简误差动态系统(3-14)，同时简化控制律推导过程，我们可以定义如下函数：

$$\begin{aligned}f_{i2}\left(u_i,\ r_i\right) = \frac{1}{e_{i6}^2}\Big\{&\sqrt{e_{i1}^2 + e_{i2}^2}\cdot\Big[w_i - w_d - u_d\left(\sin e_{i4} + \sin\theta_i\cos\theta_d\left(\cos e_{i5} - 1\right)\right) -\\ &v_d\sin\theta_i\sin e_{i5} - w_d\left(\cos e_{i4} - 1 + \sin\theta_i\sin\theta_d\left(\cos e_{i5} - 1\right)\right) + r_ie_{i2}\tan\theta_i\Big] -\\ &e_{i1}e_{i3}\Big[u_i - u_d - u_d\left(\cos e_{i4} - 1 + \cos\theta_i\cos\theta_d\left(\cos e_{i5} - 1\right)\right) - v_d\sin\theta_i\sin e_{i5} +\\ &w_d\left(\sin e_{i4} - \cos\theta_i\sin\theta_d\left(\cos e_{i5} - 1\right)\right) + r_ie_{i2}\Big] - e_{i2}e_{i3}\Big[v_i - v_d +\\ &u_d\cos\theta_d\sin e_{i5} - v_d\left(\cos e_{i5} - 1\right) - w_d\sin\theta_d\sin e_{i5} - r_i\left(e_{i1} + e_{i3}\tan\theta_i\right)\Big]\Big\}\end{aligned} \tag{3-31}$$

则得到系统$\dot{e}_{i7}=\frac{e_{i1}\sqrt{e_{i1}^2+e_{i2}^2}+e_{i3}^2}{e_{i6}^2}q_i+f_{i2}\left(u_i,r_i\right)$. 设计控制输入信号$q_i$,并将其作用于标量系统$\dot{e}_{i10}=\dot{e}_{i7}-\dot{e}_{i7d}=\frac{e_{i1}\sqrt{e_{i1}^2+e_{i2}^2}+e_{i3}^2}{e_{i6}^2}q_i+f_{i2}\left(u_i,r_i\right)-\dot{e}_{i7d}$,从而使得误差系统稳定在原点,即$e_{i10}=0$. 将跟踪误差补偿信号定义为$e_{i15}=e_{i10}-s_{i3}$,则其瞬时变化率为

$$\begin{aligned}\dot{e}_{i15}&=\dot{e}_{i10}-\dot{s}_{i3}=\dot{e}_{i7}-\dot{e}_{i7d}-\dot{s}_{i3}\\&=\frac{e_{i1}\left(\sqrt{e_{i1}^2+e_{i2}^2}+e_{i3}^2\right)}{e_{i6}^2}q_i+f_{i2}\left(u_i,\ r_i\right)-\dot{e}_{i7d}-\dot{s}_{i3}\end{aligned}\tag{3-32}$$

其中,引入信号s_{i3}是为了补偿误差变量e_{i15},并且满足$s_{i3}(0)=0$. 下面,针对下潜角速度定义一个滤波跟踪误差变量:

$$e_{i16}=q_i-q_{ir}\tag{3-33}$$

其中,q_{ir}为虚拟控制输入信号. 设计补偿项s_{i3}的瞬时变化率为如下形式:

$$\dot{s}_{i3}=-k_{i3}s_{i3}+\frac{e_{i1}\left(\sqrt{e_{i1}^2+e_{i2}^2}+e_{i3}^2\right)}{e_{i6}^2}\left(q_{ir}-q_{ir}^0\right)+f_{i2}\left(u_{ir},\ r_{ir}\right),\ k_{i3}>0\tag{3-34}$$

下面,将滤波误差变量(3-33)式和补偿系统(3-34)式同时作用于误差系统(3-32),可以得到如下的系统结构:

$$\begin{aligned}\dot{e}_{i15}=&k_{i3}s_{i3}+\frac{e_{i1}\left(\sqrt{e_{i1}^2+e_{i2}^2}+e_{i3}^2\right)}{e_{i6}^2}e_{i16}+\frac{e_{i1}\left(\sqrt{e_{i1}^2+e_{i2}^2}+e_{i3}^2\right)}{e_{i6}^2}q_{ir}^0-\\&\dot{e}_{i7d}+f_{i2}\left(u_{ir},\ r_{ir}\right)-f_{i2}\left(u_{ir},\ r_{ir}\right)\end{aligned}\tag{3-35}$$

基于系统(3-35),定义一个新的跟踪误差补偿变量:

$$e_{i17}=q_{i16}-s_{i4}\tag{3-36}$$

其中,s_{i4}用来抵消误差e_{i17},并且满足$s_{i4}(0)=0$. 设计如下形式的期望虚拟控制律:

$$\begin{aligned}q_{ir}^0=&-\frac{k_{i3}e_{i6}^2}{e_{i1}\left(\sqrt{e_{i1}^2+e_{i2}^2}+e_{i3}^2\right)}e_{i10}-s_{i4}+\frac{e_{i6}^2}{e_{i1}\left(\sqrt{e_{i1}^2+e_{i2}^2}+e_{i3}^2\right)}\cdot\\&\left(\dot{e}_{i7d}+f_{i2}\left(u_{ir},\ r_{ir}\right)-f_{i2}\left(u_{ir},\ r_{ir}\right)\right)\end{aligned}\tag{3-37}$$

将跟踪误差补偿信号(3-36)式和期望虚拟控制律(3-37)式同时作用于误差系统(3-35),可以得到如下形式的系统结构:

$$\dot{e}_{i15}=-k_{i3}e_{i15}+e_{i17}\cdot\frac{e_{i1}\left(\sqrt{e_{i1}^2+e_{i2}^2}+e_{i3}^2\right)}{e_{i6}^2} \tag{3-38}$$

对于系统(3-38),选择一个代价函数,即李雅普诺夫函数 $V_{i2}=\frac{1}{2}e_{i15}^2$,其增量比极限为

$$\dot{V}_{i2}=e_{i15}\dot{e}_{i15}=-k_{i3}e_{i15}^2+e_{i15}e_{i17}\cdot\frac{e_{i1}\left(\sqrt{e_{i1}^2+e_{i2}^2}+e_{i3}^2\right)}{e_{i16}^2} \tag{3-39}$$

对系统(3-39)的误差信号求导,可得

$$\begin{aligned}\dot{e}_{i17}&=\dot{e}_{i16}-\dot{s}_{i4}=\dot{q}_i-\dot{q}_{ir}-\dot{s}_{i4}\\&=\frac{\left(m_{33i}-m_{11i}\right)u_iw_i-d_{55i}q_i-\rho g\nabla\overline{GM}_{L_i}\sin\theta_i+F_{2i}+\tau_{5i}}{m_{55i}}-\dot{q}_{ir}-\dot{s}_{i4}\end{aligned} \tag{3-40}$$

设计如下的补偿项结构:

$$\dot{s}_{i4}=-k_{i4}s_{i4},\ \ k_{i4}>0 \tag{3-41}$$

第三步,为了化简误差动态系统(3-15)式,同时简化控制律推导过程,我们可以定义如下的函数:

$$\begin{aligned}f_{i3}\left(u_i,\ q_i\right)=\frac{1}{e_{i1}^2+e_{i2}^2}\Big\{&e_{i1}\Big[v_i-v_d+u_d\cos\theta_d\sin e_{i5}-v_d\left(\cos e_{i5}-1\right)-w_d\sin\theta_d\sin e_{i5}\Big]-\\&e_{i2}\Big[v_i-v_d+u_d\left(\cos e_{i4}-1+\cos\theta_i\cos\theta_d\left(\cos e_{i5}-1\right)\right)-\\&v_d\cos\theta_i\sin e_{i5}+w_d\left(\sin e_{i4}-\cos\theta_i\sin\theta_d\left(\cos e_{i5}-1\right)\right)-q_ie_{i3}\Big]\Big\}\end{aligned} \tag{3-42}$$

则得到系统 $\dot{e}_{i8}=\frac{-\left(e_{i1}^2+e_{i2}^2\right)-e_{i1}e_{i3}\tan\theta_i}{e_{i1}^2+e_{i2}^2}r_i+f_{i3}\left(u_i,q_i\right)$. 设计控制输入信号 r_i,并将其作用于标量系统 $\dot{e}_{i11}=\dot{e}_{i8}-\dot{e}_{i8d}=\frac{-\left(e_{i1}^2+e_{i2}^2\right)-e_{i1}e_{i3}\tan\theta_i}{e_{i1}^2+e_{i2}^2}r_i+f_{i3}\left(u_i,q_i\right)-\dot{e}_{i8d}$,从而使得误差系统稳定在原点,即 $e_{i11}=0$. 将跟踪误差补偿信号定义为 $e_{i18}=e_{i11}-s_{i5}$,则其瞬时变化率为

$$\begin{aligned}\dot{e}_{i18}&=\dot{e}_{i11}-\dot{s}_{i5}=\dot{e}_{i8}-\dot{e}_{i8d}-\dot{s}_{i5}\\&=\frac{-\left(e_{i1}^2+e_{i2}^2\right)-e_{i1}e_{i3}\tan\theta_i}{e_{i1}^2+e_{i2}^2}r_i+f_{i3}\left(u_i,q_i\right)-\dot{e}_{i8d}-\dot{s}_{i5}\end{aligned} \tag{3-43}$$

其中,引入信号 s_{i5} 是为了补偿误差变量 e_{i8d},并且满足 $s_{i5}(0)=0$. 下面,针对

首摇角速度定义一个滤波跟踪误差变量：

$$e_{i19} = r_i - r_{ir} \tag{3-44}$$

其中，r_{ir}为虚拟控制输入信号．设计补偿项s_{i5}的瞬时变化率为如下形式：

$$\dot{s}_{i5} = -k_{i5}s_{i5} + \frac{-\left(e_{i1}^2 + e_{i2}^2\right) - e_{i1}e_{i3}\tan\theta_i}{e_{i1}^2 + e_{i2}^2}\left(r_{ir} - r_{ir}^0\right) + f_{i3}\left(u_i, q_i\right), k_{i5} > 0 \tag{3-45}$$

下面，将滤波误差变量(3-44)式和补偿系统(3-45)式同时作用于误差系统(3-43)，可以得到如下的系统结构：

$$\begin{aligned}\dot{e}_{i18} = {} & k_{i5}s_{i5} + \frac{-\left(e_{i1}^2 + e_{i2}^2\right) - e_{i1}e_{i3}\tan\theta_i}{e_{i1}^2 + e_{i2}^2} + \frac{-\left(e_{i1}^2 + e_{i2}^2\right) - e_{i1}e_{i3}\tan\theta_i}{e_{i1}^2 + e_{i2}^2}r_{ir}^0 - \\ & \dot{e}_{i8d} + f_{i3}\left(u_i, q_i\right) - f_{i3}\left(u_{ir}, q_{ir}\right)\end{aligned} \tag{3-46}$$

基于系统(3-46)，定义一个新的跟踪误差补偿变量：

$$e_{i20} = e_{i19} - s_{i6} \tag{3-47}$$

其中，s_{i6}用来抵消误差e_{i20}，并且满足$s_{i6}(0) = 0$. 设计如下形式的期望虚拟控制律：

$$\begin{aligned}r_{ir}^0 = {} & -\frac{k_{i5}\left(e_{i1}^2 + e_{i2}^2\right)}{-\left(e_{i1}^2 + e_{i2}^2\right) - e_{i1}e_{i3}\tan\theta_i}e_{i11} - s_{i6} + \frac{e_{i1}^2 + e_{i2}^2}{-\left(e_{i1}^2 + e_{i2}^2\right) - e_{i1}e_{i3}\tan\theta_i}\cdot \\ & \left(\dot{e}_{i8d} - f_{i3}\left(u_{ir},\ q_{ir}\right) + f_{i3}\left(u_{ir},\ q_{ir}\right)\right)\end{aligned} \tag{3-48}$$

将跟踪误差补偿信号(3-47)式和期望虚拟控制律(3-48)式同时作用于误差系统(3-46)，可以得到如下形式的系统结构：

$$\dot{e}_{i18} = -k_{i5}e_{i18} + e_{i20}\cdot\frac{-\left(e_{i1}^2 + e_{i2}^2\right) - e_{i1}e_{i3}\tan\theta_i}{e_{i1}^2 + e_{i2}^2} \tag{3-49}$$

对于系统(3-49)，选择一个代价函数，即李雅普诺夫函数$V_{i3} = \dfrac{1}{2}e_{i18}^2$，其增量比极限为

$$\dot{V}_{i3} = e_{i18}\dot{e}_{i18} = -k_{i5}e_{i18}^2 + e_{i18}e_{i20}\cdot\frac{-\left(e_{i1}^2 + e_{i2}^2\right) - e_{i1}e_{i3}\tan\theta_i}{e_{i1}^2 + e_{i2}^2} \tag{3-50}$$

对系统(3-47)的误差信号求导，可得

$$\begin{aligned}\dot{e}_{i20} &= \dot{e}_{i19} - \dot{s}_{i6} = \dot{r}_i - \dot{r}_{ir} - \dot{s}_{i6} \\ &= \frac{\left(m_{11i} - m_{22i}\right)u_iv_i - d_{66i}r_i + F_{3i} + \tau_{6i}}{m_{66i}} - \dot{r}_{ir} - \dot{s}_{i6}\end{aligned} \tag{3-51}$$

设计如下的补偿项结构：

$$\dot{s}_{i6} = -k_{i6} s_{i6},\ \ k_{i6} > 0 \tag{3-52}$$

第四步,对于实际的控制力及力矩,设计如下的结构形式:

$$F_{1i} = m_{11i}\left(-k_{i2}e_{i13} - e_{i12}\cdot\frac{e_{i1}}{e_{i6}} + \dot{u}_{ir}\right) + d_{11i}u_i + m_{33i}w_i q_i - m_{22i}v_i r_i - \hat{\tau}_{1i} \tag{3-53}$$

$$F_{2i} = m_{55i}\left(-k_{i4}e_{i16} - e_{i15}\cdot\frac{e_{i1}\left(\sqrt{e_{i1}^2 + e_{i2}^2} + e_{i3}^2\right)}{e_{i6}^2} + \dot{q}_{ir}\right) + \rho g\nabla \overline{GM}_{L_i}\sin\theta_i + d_{55i}q_i - \left(m_{33i} - m_{11i}\right)u_i w_i - \hat{\tau}_{5i} \tag{3-54}$$

$$F_{3i} = m_{66i}\left(-k_{i6}e_{i19} - e_{i18}\cdot\frac{-\left(e_{i1}^2 + e_{i2}^2\right) - e_{i1}e_{i3}\tan\theta_i}{e_{i1}^2 + e_{i2}^2} + \dot{r}_{ir}\right) + d_{66i}r_i - \left(m_{11i} - m_{22i}\right)u_i v_i - \hat{\tau}_{6i} \tag{3-55}$$

其中,$\hat{\tau}_{1i}$,$\hat{\tau}_{5i}$和$\hat{\tau}_{6i}$分别为控制补偿项τ_{1i},τ_{5i}和τ_{6i}的在线估测值.进而,我们定义估测误差分别为$\tilde{\tau}_{1i} = \hat{\tau}_{1i} - \tau_{1i}$,$\tilde{\tau}_{5i} = \hat{\tau}_{5i} - \tau_{5i}$和$\tilde{\tau}_{6i} = \hat{\tau}_{6i} - \tau_{6i}$.补偿项的估测值通过自适应学习调整趋近最优值,其自适应学习律分别为

$$\hat{\tau}_{1i} = -k_{i7}\tilde{\tau}_{1i} + \frac{e_{i14}}{m_{11i}} \tag{3-56}$$

$$\hat{\tau}_{5i} = -k_{i8}\tilde{\tau}_{5i} + \frac{e_{i17}}{m_{55i}} \tag{3-57}$$

$$\hat{\tau}_{6i} = -k_{i9}\tilde{\tau}_{6i} + \frac{e_{i20}}{m_{66i}} \tag{3-58}$$

其中,自适应学习系数满足$k_{i7} > 0$,$k_{i8} > 0$和$k_{i9} > 0$.我们也可以将自适应学习律(3-56)~(3-58)视为指数观测器,后续基于3.3.3节系统稳定性分析可见,观测器(3-56)~(3-58)可以将系统干扰误差以指数速度快速收敛.观测器(3-56)~(3-58)中的参数m_{11i},m_{55i}和m_{66i}会受到系统外部干扰的影响,因此其值包含一定的噪声信息,但这些含噪声的参数信号可以通过控制律设计在稳定性分析中被抵消,从而消除了测量噪声对编队精度的影响.以自适应学习律(3-56)为例,$\hat{\tau}_{1i}$是τ_{1i}的近似估计值,所以在控制系统中会存在一个估计误差$\tilde{\tau}_{1i}$.此时,学习律(3-56)中的$\frac{e_{i14}}{m_{11i}}$可以用来抵消估计误差项$\tilde{\tau}_{1i}$,具体抵消证明过程见(3-60)式.虽然自适应学习律(3-56)~(3-58)中的参数是依赖模型确定的,但是其控制效果却可以不受模型不确定性的影响.因此,基于滤波器的控制算法使被

控系统具有闭环鲁棒性. 具体的鲁棒稳定性分析将在下节给出.

注3.4　在假设3.4中, $e_{i1} \neq 0$, 则 $e_{i1}^2 + e_{i2}^2 \neq 0$, 因此控制力矩(3-55)是有效的; 由定义式(3-10)可知, $e_{i6} \neq 0$, 因此控制力(3-53)和力矩(3-54)是有效的.

综上所述, 在合理假设下, 控制律设计过程避免了奇异性问题.

3.3.3　稳定性分析

在前述工作基础上, 我们给出本章的主要结论.

定理3.1　第i个机器人的运动学系统为(3-1)式, 动力学系统为(3-2)式. 虚拟领航机器人通过路径生成系统(3-3)式, 形成期望路径, 该期望路径为一条有界连续的轨迹. 编队跟踪误差为e_{i9}, e_{i10}和e_{i11}. 在编队跟踪控制律(3-53) ~ (3-58)的作用下, 闭环系统的编队控制误差以指数量级收敛到零.

证明: 根据3.3.2中所示的控制器设计过程, 误差系统的闭环动力学可描述如下:

$$\dot{e}_{i12} = -k_{i1}e_{i12} + e_{i14} \cdot \frac{e_{i1}}{e_{i6}}$$

$$\dot{e}_{i14} = -k_{i2}e_{i14} - e_{i12} \cdot \frac{e_{i1}}{e_{i6}} - \frac{\tilde{\tau}_{1i}}{m_{11i}}$$

$$\dot{\tilde{\tau}}_{1i} = -k_{i7}\tilde{\tau}_{1i} + \frac{e_{i14}}{m_{11i}}$$

$$\dot{e}_{i15} = -k_{i3}e_{i15} + e_{i17} \cdot \frac{e_{i1}\left(\sqrt{e_{i1}^2 + e_{i2}^2} + e_{i3}^2\right)}{e_{i6}^2}$$

$$\dot{e}_{i17} = -k_{i4}e_{i17} - e_{i15} \cdot \frac{e_{i1}\left(\sqrt{e_{i1}^2 + e_{i2}^2} + e_{i3}^2\right)}{e_{i6}^2} - \frac{\tilde{\tau}_{5i}}{m_{55i}}$$

$$\dot{\tilde{\tau}}_{5i} = -k_{i8}\tilde{\tau}_{5i} + \frac{e_{i17}}{m_{55i}}$$

$$\dot{e}_{i18} = -k_{i5}e_{i18} + e_{i20} \cdot \frac{-\left(e_{i1}^2 + e_{i2}^2\right) - e_{i1}e_{i3}\tan\theta_i}{e_{i1}^2 + e_{i2}^2}$$

$$\dot{e}_{i20} = -k_{i6}e_{i20} - e_{i18} \cdot \frac{-\left(e_{i1}^2 + e_{i2}^2\right) - e_{i1}e_{i3}\tan\theta_i}{e_{i1}^2 + e_{i2}^2} - \frac{\tilde{\tau}_{6i}}{m_{66i}}$$

$$\dot{\tilde{\tau}}_{6i} = -k_{i9}\tilde{\tau}_{6i} + \frac{e_{i20}}{m_{66i}}$$

闭环系统的状态向量记为$\overline{X}=\left[e_{i12},e_{i14},\tilde{\tau}_{1i},e_{i15},e_{i17},\tilde{\tau}_{5i},e_{i18},e_{i20},\tilde{\tau}_{6i}\right]^{\mathrm{T}}$，系数矩阵记为$\overline{A}$，则由闭环动力学系统可以推导出$\left|\overline{A}\right|=-\dfrac{k_{i1}\cdot k_{i3}\cdot k_{i5}}{m_{11i}^{2}\cdot m_{55i}^{2}\cdot m_{66i}^{2}}\neq 0$. 因此，系统状态方程的解$\overline{X}$是存在且唯一的.

对于n个机器人的协调编队控制系统，选择一个总体代价函数，即李雅普诺夫函数如下：

$$V=\sum_{i=1}^{n}\left(V_{i1}+V_{i2}+V_{i3}+\frac{1}{2}\left(e_{i14}^{2}+e_{i17}^{2}+e_{i20}^{2}+\tilde{\tau}_{1i}^{2}+\tilde{\tau}_{5i}^{2}+\tilde{\tau}_{6i}^{2}\right)\right) \tag{3-59}$$

函数V的瞬时变化率可以计算得出：

$$\begin{aligned}
\dot{V}&=\sum_{i=1}^{n}\left(\dot{V}_{i1}+\dot{V}_{i2}+\dot{V}_{i3}+e_{i14}\dot{e}_{i14}+e_{i17}\dot{e}_{i17}+e_{i20}\dot{e}_{i20}+\tilde{\tau}_{1i}\hat{\tau}_{1i}+\tilde{\tau}_{5i}\hat{\tau}_{5i}+\tilde{\tau}_{6i}\hat{\tau}_{6i}\right)\\
&=\sum_{i=1}^{n}\left\{-k_{i1}e_{i12}^{2}+e_{i12}e_{i14}\cdot\frac{e_{i1}}{e_{i6}}-k_{i3}e_{i15}^{2}+e_{i15}e_{i17}\cdot\frac{e_{i1}\left(\sqrt{e_{i1}^{2}+e_{i2}^{2}}+e_{i3}^{2}\right)}{e_{i6}^{2}}-k_{i5}e_{i18}^{2}+\right.\\
&\quad e_{i18}e_{i20}\cdot\frac{-\left(e_{i1}^{2}+e_{i2}^{2}\right)-e_{i1}e_{i3}\tan\theta_{i}}{e_{i1}^{2}+e_{i2}^{2}}+\\
&\quad e_{i14}\left(\frac{m_{22i}v_{i}r_{i}-m_{33i}w_{i}q_{i}-d_{11i}u_{i}+F_{1i}+\tau_{1i}}{m_{11i}}-\dot{u}_{ir}-\dot{s}_{i2}\right)+\\
&\quad e_{i17}\left[\frac{\left(m_{33i}-m_{11i}\right)u_{i}w_{i}-d_{55i}q_{i}-\rho g\nabla\overline{GM}_{L_{i}}\sin\theta_{i}+F_{2i}+\tau_{5i}}{m_{11i}}-\dot{q}_{ir}-\dot{s}_{i4}\right]+\\
&\quad \left.e_{i20}\left[\frac{\left(m_{11i}-m_{22i}\right)u_{i}w_{i}-d_{66i}r_{i}+F_{3i}+\tau_{6i}}{m_{11i}}-r_{ir}-\dot{s}_{i6}\right]+\tilde{\tau}_{1i}\hat{\tau}_{1i}+\tilde{\tau}_{5i}\hat{\tau}_{5i}+\tilde{\tau}_{6i}\hat{\tau}_{6i}\right\}
\end{aligned} \tag{3-60}$$

将设计好的系统控制力和力矩(3-53)～(3-55)，以及滤波补偿项(3-56)～(3-58)一同作用于系统(3-60)，可以得到如下结果：

$$\begin{aligned}
\dot{V}=\sum_{i=1}^{n}&\left(-k_{i1}e_{i12}^{2}-k_{i2}e_{i14}^{2}-k_{i3}e_{i15}^{2}-k_{i4}e_{i17}^{2}-k_{i5}e_{i18}^{2}-\right.\\
&\left.k_{i6}e_{i20}^{2}-k_{i7}\tilde{\tau}_{1i}^{2}-k_{i8}\tilde{\tau}_{5i}^{2}-k_{i9}\tilde{\tau}_{6i}^{2}\right)\leqslant 0
\end{aligned} \tag{3-61}$$

记$E=\begin{bmatrix} e_{112} & e_{114} & e_{115} & e_{117} & e_{118} & e_{120} & \tilde{\tau}_{11} & \tilde{\tau}_{51} & \tilde{\tau}_{61}\\ \vdots & \vdots & \vdots & \vdots & \vdots & \vdots & \vdots & \vdots & \vdots\\ e_{n12} & e_{n14} & e_{n15} & e_{n17} & e_{n18} & e_{n20} & \tilde{\tau}_{1n} & \tilde{\tau}_{5n} & \tilde{\tau}_{6n}\end{bmatrix}\in\mathbf{R}^{n\times 9}$为误差状态

向量．由(3-61)式可知，代价函数的瞬时变化率是负半定的．因此，系统的误差状态矩阵E是稳定的，并且，对一切$t \geqslant 0$，误差矩阵E是有界的．在Lasalle不变原理的支撑下，可以证明误差状态矩阵E渐近收敛于零．基于滤波反步法的控制律设计过程，如果二阶滤波器的惯性频率ω_n设计得足够大，则各维度的虚拟控制律与期望控制律误差$\left|u_{ir}^0(t) - u_{ir}(t)\right|$，$\left|q_{ir}^0(t) - q_{ir}(t)\right|$和$\left|r_{ir}^0(t) - r_{ir}(t)\right|$将会收敛到零．由跟踪误差补偿信号$e_{i12}$，$e_{i15}$和$e_{i18}$的定义可知，当时间$t \to \infty$时，编队跟踪误差$e_{i9} \to 0$，$e_{i10} \to 0$，$e_{i11} \to 0$，即闭环系统中的编队误差信号以指数量级收敛到零．定理3.1证明完毕．

注3.5　再次考虑前述的李雅普诺夫稳定性分析，对于系统中的编队控制律增益k_{i1}，k_{i2}，k_{i3}，k_{i4}，k_{i5}，k_{i6}，k_{i7}，k_{i8}和k_{i9}，它们的取值越大，编队误差收敛速率就越快．但是，$k_{i1} \sim k_{i9}$不能无限增大，我们必须考虑执行器饱和率上限．从实际控制操作来看，设计的控制律中包含滤波系数，它们通过自适应迭代会逐渐增大，从而使得执行器超过负载能力范围，达到甚至超饱和工作，因此要求控制力及力矩F_{1i}，F_{2i}和F_{3i}是有界的．不失一般性，我们假设$\left|F_{1i}\right| \leqslant M_{F1i}$，$\left|F_{2i}\right| \leqslant M_{F2i}$，$\left|F_{1i}\right| \leqslant M_{F1i}$，其中执行器上限$M_{F1i} > 0$，$M_{F2i} > 0$，$M_{F3i} > 0$. 从李雅普诺夫稳定性分析过程可知，当时间$t \to \infty$时，闭环系统中的所有误差信号都将趋于零．因此，当$t = 0$时，我们可以选择合适的控制律增益系数$k_{i1} \sim k_{i9}$，以避免执行器达到饱和状态．

注3.6　与本章“附录”中提出的控制器(A.6)，(A.9)，(A.16)，(A.19)，(A.26)和(A.29)相比，基于滤波反步法设计的控制律(3-53)～(3-58)避免了虚拟控制信号求导的复杂计算，从而可以简化控制器结构．基于传统反步法的控制器会涉及复杂的函数$f_{i1}\left(q_i, r_i\right)$，$f_{i2}\left(u_i, r_i\right)$，$f_{i3}\left(u_i, q_i\right)$及其导数的求取问题，使得所推算的控制器结构复杂，不利于实际应用．而且，传统反步法不容易将实际执行力和扭矩控制在一个有限的范围内，从而增加了系统超饱和工作的风险．

3.4　仿真分析

本节我们给出机器人在水下三维空间的编队运动数字仿真结果，用以验证本章基于滤波反步法的编队控制器的鲁棒性和有效性．通过路径生成系统，我们指定一个虚拟领航机器人，编队系统中还有两个跟随机器人．我们在MAT-

LAB软件平台上进行仿真实验，并且假设所有机器人都配备了足够的驱动装置，用以提供径向驱动力、俯仰力矩和首摇力矩．为了体现控制器对于噪声干扰的鲁棒性效果，我们在测量信号中添加了高斯白噪声，这些测量信号包括机器人的位置、方向和速度信息，并且采用randn(·)函数作为真实的传感器模型．下面，我们给出该仿真所用到的系统(3–3)中的参数信息[182]：

$m_{11i} = 25\ \mathrm{kg}, m_{22i} = 20\ \mathrm{kg}, m_{33i} = 20\ \mathrm{kg}, m_{55i} = 2.0\ \mathrm{kg\cdot m^2}, m_{66i} = 2.5\mathrm{kg\cdot m^2}$,

$d_{11i} = 7\ \mathrm{kg}\cdot(\mathrm{m\cdot s^{-1}}), d_{22i} = 7\ \mathrm{kg}\cdot(\mathrm{m\cdot s^{-1}}), d_{33i} = 6\ \mathrm{kg}\cdot(\mathrm{m\cdot s^{-1}}), d_{55i} = 5\ \mathrm{kg}\cdot(\mathrm{m\cdot s^{-1}})$,

$d_{66i} = 5\ \mathrm{kg}\cdot(\mathrm{m\cdot s^{-1}}), \overline{GM}_{L_i} = 1\ \mathrm{m}$.

两个跟随机器人与虚拟领航机器人的初始位置和方向如下所示：

$x_1(0) = 20, y_1(0) = 10, z_1(0) = 0, \theta_1(0) = 0, \psi_1(0) = 0$;

$x_2(0) = 10, y_2(0) = -10, z_2(0) = 0.5, \theta_2(0) = 0, \psi_2(0) = 0$;

$x_d(0) = 10, y_d(0) = 10, z_d(0) = 0.2, \theta_d(0) = 0, \psi_d(0) = 0$

控制器增益选择如下：

$k_{i1} = 0.5, k_{i2} = 1, k_{i3} = 2, k_{i4} = 5, k_{i5} = 1, k_{i6} = 3, k_{i7} = 1, k_{i8} = 1, k_{i9} = 1$

虚拟领航机器人的开环路径生成系统设置为$[10\cos t, 10\sin t, 0.1t]$. 选择期望的编队矢量为$e_{16d} = 8, e_{17d} = \dfrac{\pi}{12}, e_{18d} = -\dfrac{\pi}{6}, e_{26d} = 8, e_{27d} = \dfrac{\pi}{12}, e_{28d} = \dfrac{\pi}{6}$.

二阶滤波器的阻尼比设置为$\xi = 0.9$，固有频率选择为$\omega_n = 20\ \mathrm{rad/s}$.

图3.3给出了水下三维空间x–y–z坐标系下领航—跟随机器人的运动轨迹．其中，中间曲线为虚拟领航机器人的运动轨迹，上下两条路径分别为两个跟随机器人的运动轨迹．

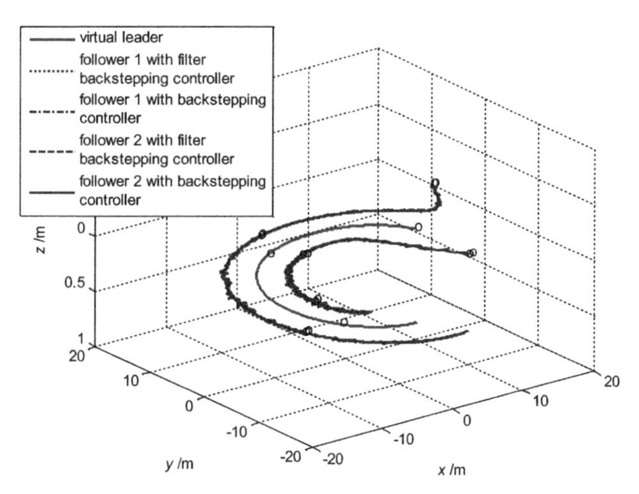

图3.3 领航—跟随机器人x-y-z运动轨迹

从图可见,领航—跟随机器人之间能够保持三角形队列结构.

图3.4展示了相对距离和方位角跟踪误差.

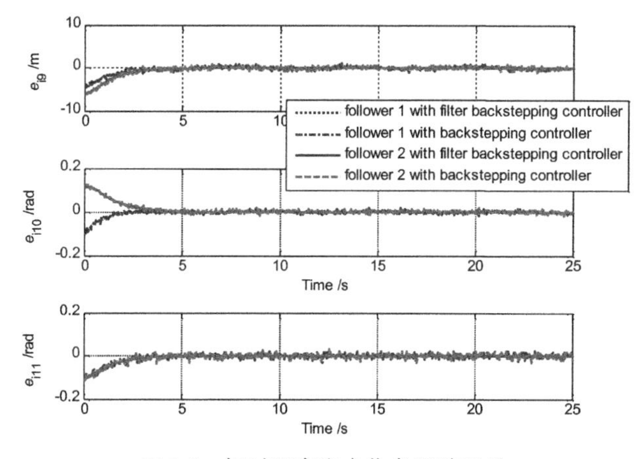

图3.4 相对距离和方位角跟踪误差

由图可见,两个跟随机器人和领航机器人之间能够保持期望的相对距离,能够沿着一定的轨迹运动,同时三者构建了期望的队形结构.由于虚拟控制信号的设计不是直接通过滤波反步法得到的,因此降低了噪声对系统控制品质的影响.基于滤波反步法的控制效果要优于传统反步法,特别是存在干扰的情况下,滤波反步法可以保证编队控制的精度.

图3.5给出了控制力及力矩的数字变化情况,基于滤波反步法所设计的控制器,其控制信号保持在合理范围内,并且能够避免执行器饱和现象.

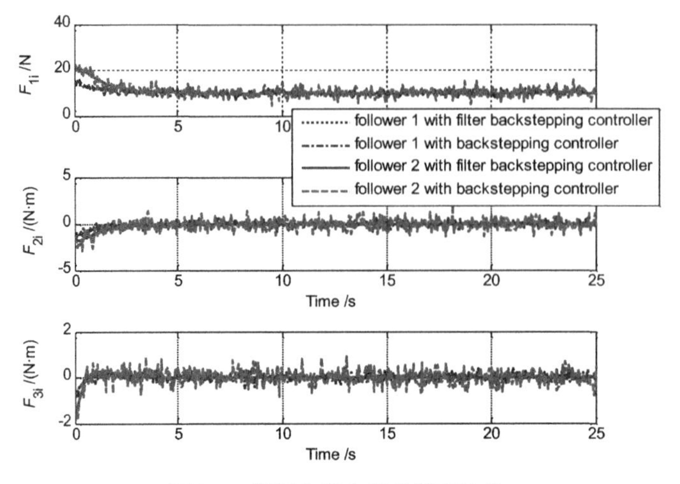

图3.5　控制力和力矩的数字变化

图3.6显示了闭环系统的误差变化情况,在控制律作用下,系统编队误差快速收敛到零.

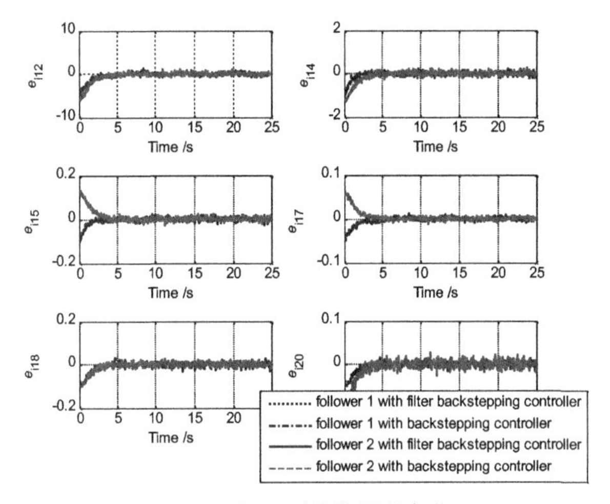

图3.6　闭环系统的误差变化

3.5　本章小结

本章采用滤波反步法设计了多机器人编队控制器，该控制器有三方面的优点:第一,避免了传统反步控制方法中对虚拟控制信号求导的计算,大大减少了控制器推算的复杂程度.第二,对于模型的不确定性和外部干扰有很强的鲁

棒性.第三,从一个新的角度分析了编队控制问题,仿真结果表明,该控制器有效地解决了编队控制问题.

接下来的工作会进一步思考复杂环境下的多机器人协调控制问题,例如通信时延对运动的影响、能源有限对控制器的制约,以及信道容量降低导致反馈数据减少时的控制问题.

附录:基于传统反步法的编队协调控制器设计

第一步,基于前述的误差e_{i9}和函数$f_{i1}\left(q_i, r_i\right)$,可以得到如下动态系统:

$$\dot{e}_{i9} = \frac{e_{i1}}{e_{i6}} + f_{i1}\left(q_i,r_i\right) - \dot{e}_{i6d} \tag{A.1}$$

由系统(3-2)可知

$$\dot{u}_i = \frac{1}{m_{11i}}\left(m_{22i}v_i r_i - m_{33i}w_i q_i - d_{11i}u_i + F_{1i} + \tau_{1i}\right) \tag{A.2}$$

定义一个代价函数$\overline{V}_{i1} = \frac{1}{2}e_{i9}^2$,则$\overline{V}_{i1}$的瞬时变化率为

$$\overline{V}_{i1} = e_{i9}\dot{e}_{i9} = e_{i9}\left(\frac{e_{i1}}{e_{i6}}u_i + f_{i1}\left(q_i, r_i\right) - \dot{e}_{i6d}\right) \tag{A.3}$$

设计虚拟控制律$u_i = \frac{e_{i6}}{e_{i1}}\left(-k_{i10}e_{i9} + \dot{e}_{i6d} - f_{i1}\left(q_i, r_i\right)\right)$,其中$k_{i10} > 0$,则有$\overline{V}_{i1} = -k_{i10}e_{i9}^2$.

定义一个新的误差变量$e_{i31} = u_i - \frac{e_{i6}}{e_{i1}}\left(-k_{i10}e_{i9} + \dot{e}_{i6d} - f_{i1}\left(q_i,r_i\right)\right)$,计算其瞬时变化率为

$$\begin{aligned}\dot{e}_{i31} = \dot{u}_i - \frac{e_{i6}}{e_{i1}}\left(-k_{i10}\dot{e}_{i9} + \ddot{e}_{i6d} - \dot{f}_{i1}\left(q_i,r_i\right)\right) - \\ \left(-k_{i10}e_{i9} + \dot{e}_{i6d} - f_{i1}\left(q_i, r_i\right)\right)\frac{\dot{e}_{i6}e_{i1} - e_{i6}\dot{e}_{i1}}{e_{i1}^2}\end{aligned} \tag{A.4}$$

定义一个新的代价函数$\overline{V}_{i2} = \overline{V}_{i1} + \frac{1}{2}e_{i31}^2$,则$\overline{V}_{i2}$的增量比极限为

$$\begin{aligned}\overline{V}_{i2} &= e_{i9}\dot{e}_{i9} + e_{i31}\dot{e}_{i31} \\ &= e_{i9}\left\{\frac{e_{i1}}{e_{i6}}\left[e_{i31} + \frac{e_{i6}}{e_{i1}}\left(-k_{i10}e_{i9} + \dot{e}_{i6d} - f_{i1}\left(q_i,\ r_i\right)\right)\right] + f_{i1}\left(q_i,\ r_i\right) - \dot{e}_{i6d}\right\} + \\ &\quad e_{i31}\left\{\frac{1}{m_{11i}}\left(m_{22i}v_i r_i - m_{33i}w_i q_i - d_{11i}u_i + F_{1i} + \tau_{1i}\right) - \right. \\ &\quad \left.\frac{e_{i6}}{e_{i1}}\left(-k_{i10}\dot{e}_{i9} + \ddot{e}_{i6d} - \dot{f}_{i1}\left(q_i,\ r_i\right)\right) - \left(-k_{i10}e_{i9} + \dot{e}_{i6d} - f_{i1}\left(q_i,\ r_i\right)\right)\frac{\dot{e}_{i6}e_{i1} - e_{i6}\dot{e}_{i1}}{e_{i1}^2}\right\}\end{aligned} \tag{A.5}$$

定义径向驱动力为如下形式：

$$\begin{aligned}F_{1i} = m_{11i}&\left\{-k_{i11}e_{i31} - \frac{e_{i9}e_{i1}}{e_{i6}} + \left(-k_{i10}e_{i9} + \dot{e}_{i6d} - f_{i1}\left(q_i,\ r_i\right)\right)\frac{\dot{e}_{i6}e_{i1} - e_{i6}\dot{e}_{i1}}{e_{i1}^2} + \right. \\ &\left.\frac{e_{i6}}{e_{i1}}\left(-k_{i10}\dot{e}_{i9} + \ddot{e}_{i6d} - \dot{f}_{i1}\left(q_i,\ r_i\right)\right)\right\} - m_{22i}v_i r_i + m_{33i}w_i q_i + d_{11i}u_i - \tau_{1i}\end{aligned} \tag{A.6}$$

其中，$k_{i11} > 0$. 将控制力(A.6)作用于系统(A.5)，可得

$$\dot{\overline{V}}_{i2} = -k_{i10}e_{i9}^2 - k_{i11}e_{i31}^2 - \frac{e_{i31}}{m_{11i}}\tilde{\tau}_{1i} \tag{A.7}$$

定义代价函数$\overline{V}_{i3} = \overline{V}_{i2} + \frac{1}{2}\tilde{\tau}_{1i}^2$，则$\overline{V}_{i3}$的增量比极限为

$$\dot{\overline{V}}_{i3} = -k_{i10}e_{i9}^2 - k_{i11}e_{i31}^2 - \frac{e_{i31}}{m_{11i}}\tilde{\tau}_{1i} + \tilde{\tau}_{1i}\dot{\hat{\tau}}_{1i} \tag{A.8}$$

对于控制力(A.6)中的自适应学习律可以设计为

$$\dot{\hat{\tau}}_{1i} = \frac{e_{i31}}{m_{11i}} - k_{i12}\tilde{\tau}_{1i} \tag{A.9}$$

其中，$k_{i12} > 0$. 则$\overline{V}_{i3}$的增量比极限可以进一步计算为

$$\dot{\overline{V}}_{i3} = -k_{i10}e_{i9}^2 - k_{i11}e_{i31}^2 - k_{i12}\tilde{\tau}_{1i}^2 \tag{A.10}$$

第二步，由前述定义的e_{i10}和函数$f_{i2}\left(u_i, r_i\right)$，我们可以得到如下动态系统：

$$\dot{e}_{i10} = \frac{e_{i1}\sqrt{e_{i1}^2 + e_{i2}^2} + e_{i3}^2}{e_{i6}^2}q_i + f_{i2}\left(u_i, r_i\right) - \dot{e}_{i7d} \tag{A.11}$$

由系统(3-2)可知

$$\dot{q}_i = \frac{1}{m_{55i}}\left[\left(m_{33i} - m_{11i}\right)u_i w_i - d_{55i}q_i - \rho g\nabla\overline{GM}_{L_i}\sin\theta_i + F_{2i} + \tau_{5i}\right] \tag{A.12}$$

定义一个代价函数$\overline{V}_{i4}=\frac{1}{2}e_{i10}^2$，则$\overline{V}_{i4}$的瞬时变化率为

$$\dot{\overline{V}}_{i4}=e_{i10}\dot{e}_{i10}=e_{i10}\left(\frac{e_{i1}\sqrt{e_{i1}^2+e_{i2}^2}+e_{i3}^2}{e_{i6}^2}q_i+f_{i2}(u_i,r_i)-\dot{e}_{i7d}\right)\tag{A.13}$$

定义虚拟控制律$q_i=\frac{e_{i6}^2\left(-k_{i13}e_{i10}+\dot{e}_{i7d}-f_{i2}(u_i,r_i)\right)}{e_{i1}\sqrt{e_{i1}^2+e_{i2}^2}+e_{i3}^2}$，其中$k_{i13}>0$，则有$\dot{\overline{V}}_{i4}=-k_{i13}e_{i10}^2$。

定义一个新的误差变量$e_{i32}=q_i=\frac{e_{i6}^2\left(-k_{i13}e_{i10}+\dot{e}_{i7d}-f_{i2}(u_i,r_i)\right)}{e_{i1}\sqrt{e_{i1}^2+e_{i2}^2}+e_{i3}^2}$，则$e_{i32}$的增量比极限为

$$\begin{aligned}\dot{e}_{i32}=\dot{q}_i=&\frac{e_{i6}^2\left(-k_{i13}\dot{e}_{i10}+\ddot{e}_{i7d}-\dot{f}_{i2}(u_i,r_i)\right)}{e_{i1}\sqrt{e_{i1}^2+e_{i2}^2}+e_{i3}^2}-\frac{\left(-k_{i13}e_{i10}+\dot{e}_{i7d}-f_{i2}(u_i,r_i)\right)}{e_{i1}^2\left(\sqrt{e_{i1}^2+e_{i2}^2}+e_{i3}^2\right)^2}\times\\&\left\{2e_{i6}\dot{e}_{i6}e_{i1}\left(\sqrt{e_{i1}^2+e_{i2}^2}+e_{i3}^2\right)-e_{i6}^2\left[\dot{e}_{i1}\left(\sqrt{e_{i1}^2+e_{i2}^2}+e_{i3}^2\right)+\right.\right.\\&\left.\left.e_{i1}\left(\frac{e_{i1}\dot{e}_{i1}+e_{i2}\dot{e}_{i2}}{\sqrt{e_{i1}^2+e_{i2}^2}}+2e_{i2}\dot{e}_{i3}\right)\right]\right\}\end{aligned}\tag{A.14}$$

定义代价函数$\overline{V}_{i5}=\overline{V}_{i4}+\frac{1}{2}e_{i32}^2$，则$\overline{V}_{i5}$的瞬时变化率为

$$\begin{aligned}\dot{\overline{V}}_{i5}&=e_{i10}\dot{e}_{i10}+e_{i32}\dot{e}_{i32}\\&=e_{i10}\left\{\frac{e_{i1}\sqrt{e_{i1}^2+e_{i2}^2}+e_{i3}^2}{e_{i6}^2}\left[e_{i32}+\frac{e_{i6}^2\left(-k_{i13}e_{i10}+\dot{e}_{i7d}-f_{i2}(u_i,r_i)\right)}{e_{i1}\left(\sqrt{e_{i1}^2+e_{i2}^2}+e_{i3}^2\right)}\right]+\right.\\&\left.f_{i2}(u_i,r_i)-\dot{e}_{i7d}\right\}+e_{i32}\frac{1}{m_{55i}}\left[(m_{33i}-m_{11i})u_iw_i-d_{55i}q_i-\rho g\nabla\overline{GM}_{L_i}\sin\theta_i+F_{2i}+\right.\\&\left.\tau_{5i}\right]-\frac{e_{i6}^2\left(-k_{i13}\dot{e}_{i10}+\ddot{e}_{i7d}-\dot{f}_{i2}(u_i,r_i)\right)}{e_{i1}\left(\sqrt{e_{i1}^2+e_{i2}^2}+e_{i3}^2\right)}-\frac{\left(-k_{i13}e_{i10}+\dot{e}_{i7d}-f_{i2}(u_i,r_i)\right)}{e_{i1}^2\left(\sqrt{e_{i1}^2+e_{i2}^2}+e_{i3}^2\right)^2}\times\\&\left[2e_{i6}\dot{e}_{i6}e_{i1}\left(\sqrt{e_{i1}^2+e_{i2}^2}+e_{i3}^2\right)-e_{i6}^2\dot{e}_{i1}\left(\sqrt{e_{i1}^2+e_{i2}^2}+e_{i3}^2\right)-\right.\end{aligned}$$

$$e_{i6}^2 e_{i1}\left(\frac{e_{i1}\dot{e}_{i1}+e_{i2}\dot{e}_{i2}}{\sqrt{e_{i1}^2+e_{i2}^2}}+2e_{i2}\dot{e}_{i3}\right)\Bigg]\Bigg\} \tag{A.15}$$

设计系统浮潜转动力矩为

$$\begin{aligned} F_{2i} = m_{55i}\Bigg\{ & -k_{i14}e_{i32} - \frac{e_{i10}e_{i1}\left(\sqrt{e_{i1}^2+e_{i2}^2}+e_{i3}^2\right)}{e_{i6}^2} + \frac{e_{i6}^2\left(-k_{i13}\dot{e}_{i10}+\ddot{e}_{i7d}-\dot{f}_{i2}(u_i,r_i)\right)}{e_{i1}\left(\sqrt{e_{i1}^2+e_{i2}^2}+e_{i3}^2\right)} + \\ & \frac{-k_{i13}e_{i10}+\dot{e}_{i7d}-f_{i2}(u_i,r_i)}{e_{i1}^2\left(\sqrt{e_{i1}^2+e_{i2}^2}+e_{i3}^2\right)^2}\Bigg[2e_{i6}\dot{e}_{i6}e_{i1}\left(\sqrt{e_{i1}^2+e_{i2}^2}+e_{i3}^2\right) - \\ & e_{i6}^2\dot{e}_{i1}\left(\sqrt{e_{i1}^2+e_{i2}^2}+e_{i3}^2\right) - e_{i6}^2 e_{i1}\left(\frac{e_{i1}\dot{e}_{i1}+e_{i2}\dot{e}_{i2}}{\sqrt{e_{i1}^2+e_{i2}^2}}+2e_{i3}\dot{e}_{i3}\right)\Bigg]\Bigg\} - \\ & \left(m_{33i}-m_{11i}\right)u_i w_i + d_{55i}q_i + \rho g\nabla\overline{GM}_{L_i}\sin\theta_i - \hat{\tau}_{5i} \end{aligned} \tag{A.16}$$

其中，$k_{i14}>0$. 将控制力矩(A.16)作用于系统(A.15)，可得

$$\dot{\overline{V}}_{i5} = -k_{i13}e_{i10}^2 - k_{i14}e_{i32}^2 - \frac{e_{i32}}{m_{55i}}\tilde{\tau}_{5i} \tag{A.17}$$

定义代价函数$\overline{V}_{i6}=\overline{V}_{i5}+\frac{1}{2}\tilde{\tau}_{5i}^2$，则$\overline{V}_{i6}$的导数可计算为

$$\dot{\overline{V}}_{i6} = -k_{i13}e_{i10}^2 - k_{i14}e_{i32}^2 - \frac{e_{i32}}{m_{55i}}\tilde{\tau}_{5i} + \tilde{\tau}_{5i}\dot{\hat{\tau}}_{5i} \tag{A.18}$$

控制力矩(A.16)中的自适应学习律可以设计如下

$$\dot{\hat{\tau}}_{5i} = \frac{e_{i32}}{m_{55i}} - k_{i15}\tilde{\tau}_{5i} \tag{A.19}$$

其中，$k_{i15}>0$. 则$\overline{V}_{i6}$的导数可以重新计算为

$$\dot{\overline{V}}_{i6} = -k_{i13}e_{i10}^2 - k_{i14}e_{i32}^2 - k_{i15}\dot{\hat{\tau}}_{5i} \tag{A.20}$$

第三步，由前述定义的e_{i11}和函数$f_{i3}(u_i,q_i)$，我们可以得到如下的动态系统：

$$\dot{e}_{i11} = f_{i3}(u_i,q_i) - \dot{e}_{i8d} - \frac{\left(e_{i1}^2+e_{i2}^2\right)+e_{i1}e_{i3}\tan\theta_i}{e_{i1}^2+e_{i2}^2}r_i \tag{A.21}$$

由系统(3-2)可知,

$$\dot{r}_i = \frac{1}{m_{66i}}\left[\left(m_{11i} - m_{22i}\right)u_i v_i - d_{66i} r_i + F_{3i} + \tau_{6i}\right] \tag{A.22}$$

定义一个新的代价函数$\overline{V}_{i7} = \frac{1}{2}e_{i11}^2$,则$\overline{V}_{i7}$的瞬时变化率为

$$\dot{\overline{V}}_{i7} = e_{i11}\dot{e}_{i11} = e_{i11}\left(f_{i3}\left(u_i, q_i\right) - \dot{e}_{i8d} - \frac{\left(e_{i1}^2 + e_{i2}^2\right) + e_{i1}e_{i3}\tan\theta_i}{e_{i1}^2 + e_{i2}^2} r_i\right) \tag{A.23}$$

设计虚拟控制律$r_i = -\frac{\left(e_{i1}^2 + e_{i2}^2\right)\left(-k_{i16}e_{i11} + \dot{e}_{i8d} - f_{i3}\left(u_i, q_i\right)\right)}{\left(e_{i1}^2 + e_{i2}^2\right) + e_{i1}e_{i3}\tan\theta_i}$,其中$k_{i16} > 0$,则有$\dot{\overline{V}}_{i7} = -k_{i16}e_{i11}^2$.

定义一个新的误差变量$e_{i33} = r_i + \frac{\left(e_{i1}^2 + e_{i2}^2\right)\left(-k_{i16}e_{i11} + \dot{e}_{i8d} - f_{i3}\left(u_i, q_i\right)\right)}{\left(e_{i1}^2 + e_{i2}^2\right) + e_{i1}e_{i3}\tan\theta_i}$,则$e_{i33}$的增量比极限为

$$\begin{aligned}\dot{e}_{i33} = {} & \dot{r}_i + \frac{\left(e_{i1}^2 + e_{i2}^2\right)\left(-k_{i16}\dot{e}_{i11} + \ddot{e}_{i8d} - \dot{f}_{i3}\left(u_i, q_i\right)\right)}{\left(e_{i1}^2 + e_{i2}^2\right) + e_{i1}e_{i3}\tan\theta_i} + \frac{\left(-k_{i16}e_{i11} + \dot{e}_{i8d} - f_{i3}\left(u_i, q_i\right)\right)}{\left(\left(e_{i1}^2 + e_{i2}^2\right) + e_{i1}e_{i3}\tan\theta_i\right)^2} \times \\ & \left\{2\left(e_{i1}\dot{e}_{i1} + e_{i2}\dot{e}_{i2}\right)\left(e_{i1}^2 + e_{i2}^2 + e_{i1}e_{i3}\tan\theta_i\right) - \left(e_{i1}^2 + e_{i2}^2\right)\left(2e_{i1}\dot{e}_{i1} + 2e_{i2}\dot{e}_{i2} + \right.\right. \\ & \left.\left.\dot{e}_{i1}e_{i3}\tan\theta_i + e_{i1}\dot{e}_{i3}\tan\theta_i + e_{i1}e_{i3}\dot{\theta}_i\sec^2\theta_i\right)\right\}\end{aligned} \tag{A.24}$$

定义代价函数$\overline{V}_{i8} = \overline{V}_{i7} + \frac{1}{2}e_{i33}^2$,则$\overline{V}_{i8}$的导数为

$$\begin{aligned}\dot{\overline{V}}_{i8} = {} & e_{i11}\dot{e}_{i11} + e_{i33}\dot{e}_{i33} \\ = {} & e_{i11}\left(-\frac{\left(e_{i1}^2 + e_{i2}^2\right) + e_{i1}e_{i3}\tan\theta_i}{e_{i1}^2 + e_{i2}^2} r_i\right)\left[e_{i33} - \frac{\left(e_{i1}^2 + e_{i2}^2\right)\left(-k_{i16}e_{i11} + \dot{e}_{i8d} - f_{i3}\left(u_i, q_i\right)\right)}{\left(e_{i1}^2 + e_{i2}^2\right) + e_{i1}e_{i3}\tan\theta_i}\right] + \\ & \left.f_{i3}\left(u_i, q_i\right) - \dot{e}_{i8d}\right\} + e_{i33}\left\{\frac{1}{m_{66i}}\left[\left(m_{11i} - m_{22i}\right)u_i v_i - d_{66i}r_i + F_{3i} + \tau_{6i}\right] + \right. \\ & \frac{\left(e_{i1}^2 + e_{i2}^2\right)\left(-k_{i16}\dot{e}_{i11} + \ddot{e}_{i8d} - \dot{f}_{i3}\left(u_i, q_i\right)\right)}{\left(e_{i1}^2 + e_{i2}^2\right) + e_{i1}e_{i3}\tan\theta_i} + \frac{\left(-k_{i16}e_{i11} + \dot{e}_{i8d} - f_{i3}\left(u_i, q_i\right)\right)}{\left(\left(e_{i1}^2 + e_{i2}^2\right) + e_{i1}e_{i3}\tan\theta_i\right)^2} \times \\ & \left[2\left(e_{i1}\dot{e}_{i1} + e_{i2}\dot{e}_{i2}\right)\left(e_{i1}^2 + e_{i2}^2 + e_{i1}e_{i3}\tan\theta_i\right) - \left(e_{i1}^2 + e_{i2}^2\right)\left(2e_{i1}\dot{e}_{i1} + 2e_{i2}\dot{e}_{i2} + \right.\right.\end{aligned}$$

$$\dot{e}_{i1}e_{i3}\tan\theta_i + e_{i1}\dot{e}_{i3}\tan\theta_i + e_{i1}e_{i3}\dot{\theta}_i\sec^2\theta_i\Big)\Big\} \tag{A.25}$$

设计系统首摇转动力矩为

$$F_{3i} = m_{66i}\Bigg[-k_{i17}e_{i33} + \frac{e_{i11}\left(e_{i1}^2 + e_{i2}^2 + e_{i1}e_{i3}\tan\theta_i\right)}{e_{i1}^2 + e_{i2}^2} - \frac{\left(e_{i1}^2 + e_{i2}^2\right)\left(-k_{i16}\dot{e}_{i11} + \ddot{e}_{i8d} - \dot{f}_{i3}\left(u_i, q_i\right)\right)}{\left(e_{i1}^2 + e_{i2}^2\right) + e_{i1}e_{i3}\tan\theta_i} -$$

$$\frac{\left(-k_{i16}e_{i11} + \dot{e}_{i8d} - f_{i3}\left(u_i, q_i\right)\right)}{\left(\left(e_{i1}^2 + e_{i2}^2\right) + e_{i1}e_{i3}\tan\theta_i\right)^2}\cdot\Big[2\left(e_{i1}\dot{e}_{i1} + e_{i2}\dot{e}_{i2}\right)\left(e_{i1}^2 + e_{i2}^2 + e_{i1}e_{i3}\tan\theta_i\right) -$$

$$\left(e_{i1}^2 + e_{i2}^2\right)\left(2e_{i1}\dot{e}_{i1} + 2e_{i2}\dot{e}_{i2} + \dot{e}_{i1}e_{i3}\tan\theta_i + e_{i1}\dot{e}_{i3}\tan\theta_i + e_{i1}e_{i3}\dot{\theta}_i\sec^2\theta_i\right)\Big]\Bigg\} \tag{A.26}$$

其中，$k_{i17} > 0$. 将控制力矩(A.26)作用于系统(A.25)，可得

$$\dot{\bar{V}}_{i8} = -k_{i16}e_{i11}^2 - k_{i17}e_{i33}^2 - \frac{e_{i33}}{m_{66i}}\tilde{\tau}_{6i} \tag{A.27}$$

定义一个李雅普诺夫函数为$\bar{V}_{i9} = \bar{V}_{i8} + \frac{1}{2}\tilde{\tau}_{6i}^2$，则$\bar{V}_{i9}$的导数可以计算为

$$\dot{\bar{V}}_{i9} = -k_{i16}e_{i11}^2 - k_{i17}e_{i33}^2 - \frac{e_{i33}}{m_{66i}}\tilde{\tau}_{6i} + \tilde{\tau}_{6i}\dot{\hat{\tau}}_{6i} \tag{A.28}$$

控制力矩(A.26)中的自适应学习律可以设计如下

$$\dot{\hat{\tau}}_{6i} = \frac{e_{i33}}{m_{66i}} - k_{i18}\tilde{\tau}_{6i} \tag{A.29}$$

其中，$k_{i18} > 0$. 则$\bar{V}_{i9}$的导数可以重新计算为

$$\dot{\bar{V}}_{i9} = -k_{i16}e_{i11}^2 - k_{i17}e_{i33}^2 - k_{i18}\tilde{\tau}_{6i}^2 \tag{A.30}$$

第四步，选择一个总的代价函数为

$$\bar{V} = \sum_{i=1}^{n}\frac{1}{2}\left(e_{i9}^2 + e_{i31}^2 + e_{i10}^2 + e_{i32}^2 + e_{i11}^2 + e_{i33}^2 + \tilde{\tau}_{1i}^2 + \tilde{\tau}_{5i}^2 + \tilde{\tau}_{6i}^2\right) \tag{A.31}$$

由上述的推导过程可知，$\bar{V}$的瞬时变化率为

$$\dot{V} = \sum_{i=1}^{n}\Big(-k_{i10}e_{i9}^2 - k_{i11}e_{i31}^2 - k_{i12}\tilde{\tau}_{1i}^2 - k_{i13}e_{i10}^2 - k_{i14}e_{i32}^2 - k_{i15}\tilde{\tau}_{5i}^2 - k_{i16}e_{i11}^2 - k_{i17}e_{i33}^2 - k_{i18}\tilde{\tau}_{6i}^2\Big) \leqslant 0 \tag{A.32}$$

根据上述过程及推导结果，我们综述一下本部分的结论：

定理A.1　单个机器人的运动学系统和动力学系统分别为(3-1)和(3-2)；由路径生成系统(3-3)可以规划出领航机器人的有界连续期望路径；编队误差变量分别为e_{i9},e_{i10}和e_{i11}. 基于反步法所设计的编队控制器为式(A.6),(A.9),(A.16),(A.19),(A.26)和(A.29),则闭环系统的编队跟踪误差以指数量级递减至零.

第4章　带有时延的三维协调控制问题研究

本章我们继续研究水下三维空间中多机器人的协调控制问题，在考虑水声通信存在时延的情况下，本章引入k值逻辑控制网络来研究协调控制问题．同时，引入矩阵的半张量积运算来解决复杂的高维矩阵计算问题，我们用高维矩阵来表达通信时延对多机器人优化协调跟踪控制的影响．以逃跑机器人作为目标领航者来设计追捕机器人的协调控制器，以实现追捕机器人在动态避障的同时，能够追踪到逃跑机器人的任务要求．本章还给出了控制系统闭环稳定性分析结果．

4.1　引言

多机器人追捕控制问题是多机器人系统中一个典型的协作问题，该问题研究一组机器人如何通过协作有效地追捕另一个或多个逃跑机器人．多机器人追捕控制问题是研究多智能机器人系统中机器人之间的合作、协调、竞争和对抗的系统性问题，它涵盖了实时视觉处理、无线通信、实时动态路径规划、多机器人分布式协调与控制、多机器人规划与学习、机器人团队之间的竞争与合作等多个学科和多个领域知识[210-212]．

多机器人的追捕控制问题是近年来的一个热点问题，研究多机器人系统的竞争与合作关系也是一个重要课题．该问题不仅是对自然界和人类社会中群体系统的一种模拟，同时也是对自然界和人类社会中群体系统的一种强化．这个问题涉及实际应用的许多方面，因此，它具有广泛的应用前景．关于这个问题的研究主要集中在分布式系统中多个机器人之间如何进行有效的协作方面，在此基础上，系统中的单个机器人需要完成追捕一个或多个逃跑机器人的任务．

一个完整的追捕系统所涉及的技术不仅是智能协作，而且还有视频采集、图像处理、无线通信技术、系统集成、传感器系统、计算机视觉等功能部件的协作，这些构成了多机器人追捕控制研究平台的基础．基于该平台，个体机器人可以通过实时动态数据分析做出智能决策，最终完成追捕任务．在整个追捕过程中，机器人所面临的情况和环境是非常复杂和多变的，因此，任何一方都很难寻求最优策略．在这种复杂多变的环境中，实时决策问题一直受到广泛关注，但尚未得到解决．多机器人追捕与运动问题也是研究分布式系统中多智能体协作与协调的理想平台[213-215]．

在多机器人合作追踪多个运动目标的研究中，Murray在文献[216]中对这一问题进行了研究综述．Murray在一个通用的数学框架中介绍了不同的控制方法，从而可以比较不同方法的控制效果，包括编队控制、协同任务、时空规划和汇集任务．Zhang专注于多个通信空间分布系统的控制问题，他在文献[217]中针对多个通信源引起的相互干扰导致协作性能下降的问题，建立了合理的通信模型和控制算法．Liu在文献[218]中提出了一类新的分布式非线性控制器，该控制器采用非线性小增益设计方法，在不进行全局位置测量的情况下控制机器人的队形，并且该控制器对位置误差具有很强的鲁棒性．Durr在文献[219]中研究了在博弈论框架下的协调控制器设计问题，并且在缺少全局信息的情况下，提出了一种具有全局稳定性的分布式自适应控制算法．Zhu在文献[220]中研究了博弈论框架下多机器人的运动规划问题，提出了一种开环非合作微分算法，该分布式算法能够实现纳什均衡，并给出了计算复杂度、通信开销和机器人数量之间的定量关系．张德龙在文献[221]中研究了竞争机制下的协调控制问题，每个机器人都会面临对目标位置的感知受限和理解受限这样的困境，所设计的控制策略可以在这些困境下做出有效的决策和路径规划．在文献[222]中，作者针对协调控制系统提出了一种新的激励函数，并且通过强化学习获得每个机器人的最优路径．该方法可以加快博弈神经网络的收敛速度，对移动机器人的追踪问题更为有效．文献[223]和[224]研究了三维空间中多机器人的跟踪控制问题．文献[225]研究了不同速度的水下机器人的协同追踪问题，作者提出了一种基于仿生神经网络模型和信念函数的组合路径规划方法．

本章引入k值逻辑控制网络，研究了水下三维空间中具有时滞的欠驱动多机器人的协同追踪控制问题．随着机器人数量和运动复杂性的增加，用于记录多个机器人位置和姿态的数据将会变得非常庞大，而这些数据的计算会增加控制难度，降低控制精度，所以本章采用矩阵的半张量积来处理这种复杂的高维矩阵计算问题．本章考虑了时延对控制算法的影响，将通信时延对多机器人的优化和协同追踪控制影响用矩阵表示，同时还给出了多机器人优化与协同追踪算法的逻辑矩阵表示．在逃跑机器人的引导下，该控制算法能保证所有追捕机器人到达期望位置，同时，本章还推导了控制力和力矩的量化模型，进而证明了闭环系统的稳定性．

4.2 问题描述

4.2.1 水下三维空间中机器人运动模型分析

在这一部分，我们将给出水下三维空间中第 i 个机器人的运动模型，$i=0,1,2,\cdots,N$. 编号为0的机器人代表逃跑机器人，编号为1，2，⋯，N的机器人为追捕机器人．

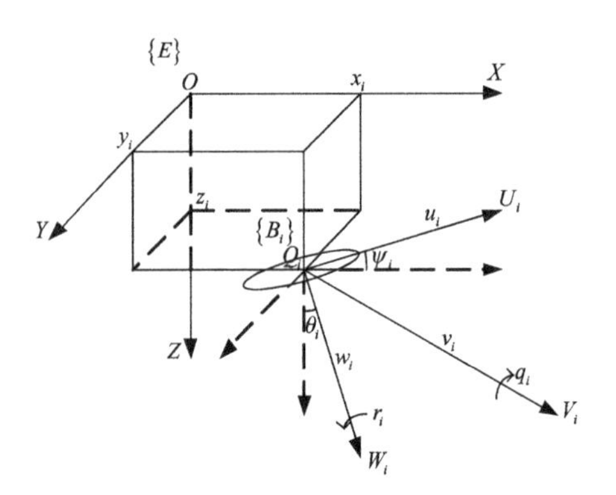

图4.1　水下三维空间中第 i 个机器人的坐标解析

不失一般性，本章所研究的机器人外观坐标解析图如图4.1所示．考虑机器人结构的径向对称性，可以合理忽略横滚运动的影响，从而一组 $N+1$ 个机器人的数学模型如下所述[226-228]：

$$
\begin{aligned}
\dot{x}_i &= u_i \cos\psi_i \cos\theta_i - \nu_i \sin\psi_i + w_i \cos\psi_i \sin\theta_i \\
\dot{y}_i &= u_i \sin\psi_i \cos\theta_i + \nu_i \cos\psi_i + w_i \sin\psi_i \sin\theta_i \\
\dot{z}_i &= -u_i \sin\theta_i + w_i \cos\theta_i \\
\dot{\theta}_i &= q_i \\
\dot{\psi}_i &= \frac{r_i}{\cos\theta_i}
\end{aligned}
\tag{4-1}
$$

在图4.1和系统(4–1)中,$\{E\}$代表惯性坐标系,即地球坐标系;$\left\{B_i\right\}$代表第i个机器人的载体坐标系;第i个机器人的重心用Q_i表示,并且Q_i也是载体坐标系$\left\{B_i\right\}$的坐标原点;$\left[x_i, y_i, z_i\right]^{\mathrm{T}} = \eta_i$为重心$Q_i$在惯性坐标系$\{E\}$中的位置向量,$x_i \in \left\{1, 2, \cdots, l_i\right\}, y_i \in \left\{1, 2, \cdots, m_i\right\}, z_i \in \left\{1, 2, \cdots, n_i\right\}, l_i, m_i, n_i \in \mathbf{N}_+$,表示运动的范围;$\left[\theta_i, \psi_i\right]^{\mathrm{T}}$为重心$Q_i$在惯性坐标系$\{E\}$中的方向角向量;$\left[u_i, \nu_i, w_i\right]^{\mathrm{T}}$为机器人在载体坐标系$\left\{B_i\right\}$下的线性速度向量;$\left[q_i, r_i\right]^{\mathrm{T}}$为机器人在载体坐标系$\left\{B_i\right\}$下的旋转角速度向量.

对于在水下三维空间中做六自由度运动的机器人来说,我们只在三个维度上配置了驱动装置来提供控制力及力矩,在这种欠驱动情况下,机器人的动力学模型为[226-228]:

$$
\begin{aligned}
m_{11i}\dot{u}_i &= m_{22i}\nu_i r_i - m_{33i} w_i q_i - d_{11i} u_i + F_{1i} \\
m_{22i}\dot{\nu}_i &= -m_{11i} u_i r_i - d_{22i}\nu_i \\
m_{33i}\dot{w}_i &= m_{11i} u_i q_i - d_{33i} w_i \\
m_{55i}\dot{q}_i &= \left(m_{33i} - m_{11i}\right) u_i w_i - d_{55i} q_i - \rho g \nabla \overline{GM}_{L_i} \sin\theta_i + F_{2i} \\
m_{66i}\dot{r}_i &= \left(m_{11i} - m_{22i}\right) u_i v_i - d_{66i} r_i + F_{3i}
\end{aligned}
\tag{4-2}
$$

其中,$m_{11i} = m_i - X_{\dot{u}_i}$, $m_{22i} = m_i - X_{\dot{v}_i}$, $m_{33i} = m_i - X_{\dot{w}_i}$, $m_{55i} = I_{Y_i} - X_{\dot{q}_i}$, $m_{66i} = I_{z_i} - X_{\dot{r}_i}$, $d_{11i} = -X_{u_i}$, $d_{22i} = -Y_{v_i}$, $d_{33i} = -Z_{w_i}$, $d_{55i} = -M_{q_i}$, $d_{66i} = -N_{r_i}$. 第i个机器人的质量用符号m_i表示,附加质量用符号$m_{(\cdot)}$表示;F_{1i}表示第i个机器人的径向驱动力;F_{2i}代表俯仰角转动力矩;F_{3i}代表首摇角转动力矩;$X_{(\cdot)}, Y_{(\cdot)}, Z_{(\cdot)}, M_{(\cdot)}$和$N_{(\cdot)}$代表水动力系数;$I_{(\cdot)}$代表转动惯量;$\rho$代表海水密度;$g$为重力加速度;$\nabla$代表海水的体积;$\overline{GM}_{L_i}$是纵向稳心高度.

注4.1　为了便于实际应用和数值仿真,需要对连续时间模型(4–1)和(4–2)进行离散化处理.通常我们使用龙格—库塔离散模型.

4.2.2 相关理论及符号介绍

下面,我们对后文中常用的符号做如下的介绍.

D_k: $D_k = \left\{0, \frac{1}{k-1}, \frac{2}{k-1}, \cdots, 1\right\}$.

δ_n^i:代表单位矩阵I_n的第i列.

Δ_n: $\Delta_n = \left\{\delta_n^i | 1, \cdots, n\right\}$.

$\mathrm{Col}_i(A)$:代表矩阵A的第i列.

$\mathrm{Col}(A)$:代表矩阵A的所有列向量组成的集合.

$\mathrm{Blk}_i(A)$:代表将n行mn列矩阵A分成m个$n \times n$分块矩阵中的第i块矩阵.

$M_{n\times r}$:代表所有$n \times r$阶矩阵所构成的集合.如果一个矩阵$L \in M_{n\times r}$,且$\mathrm{Col}_i(L) = \delta_n^i, i = 1, \cdots, r$,则$L$是一个逻辑矩阵,且有结论$\mathrm{Col}(L) \subset \Delta_n$.

$\pounds_{n\times r}$:代表所有$n \times r$阶逻辑矩阵所构成的集合.如果$L \in \pounds_{n\times r}$,则由逻辑矩阵的定义可知$L = \left[\delta_n^{i_1}, \delta_n^{i_2}, \cdots, \delta_n^{i_r}\right]$.我们还可以用以下的紧凑形式来简略地表达逻辑矩阵:

$$L = \delta_n\left[i_1, i_2, \cdots, i_r\right] \tag{4-3}$$

定义 4.1 [206] 令$A \in M_{m\times n}, B \in M_{p\times q}$. $t = \mathrm{lcm}(n, p)$代表n和p的最小公倍数,则矩阵A和矩阵B的半张量积定义如下:

$$A \ltimes B: = \left(A \otimes I_{t/n}\right)\left(B \otimes I_{t/p}\right) \tag{4-4}$$

其中,$\otimes$代表克罗内克乘积.

注 4.3 矩阵的半张量积是对传统矩阵乘法的进一步推广.矩阵的半张量积放宽了传统矩阵乘法对矩阵阶数的限制,从而解决了更大范围的海量数据计算问题.下文为了表述方便,半张量积符号$\ltimes$将被省略.

对于逃跑机器人,我们假设其第t步策略为$\aleph_0(t)$.对于追捕机器人,假设其第t步策略为$\aleph_i(t), i = 1, 2, \cdots, N$.对于水下三维空间运动的多机器人来说,$\aleph_0(t), \aleph_i(t) \in D_k, i = 1, 2, \cdots, N$.符号$k$代表机器人运动的所有可能方向数,包括静止状态.6个沿惯性坐标系的坐标轴方向,以及8个空间卦限方向.当然,我们还可以根据实际情况来适当调整k的取值.由于水声通信的局限性,还必须考虑时延的存在,因此将时延用符号τ来表示,对于由$N + 1$个机器人所组成的动

态避障及围捕追逃系统,我们考虑如下的k值逻辑控制网络:

$$\aleph_0(t+1)=f\left(\aleph_0(t),\aleph_1(t-\tau),\cdots,\aleph_N(t-\tau)\right) \tag{4-5}$$

其中，$\aleph_0(t)$, $\aleph_i(t)\in D_k$, $i=1,2,\cdots,N$. 从系统分析的角度，$\aleph_0$, $\aleph_i(i=1,2,\cdots,N)$和f分别代表状态变量、控制器和逻辑函数，t代表迭代步长.

由上述的介绍,我们可以给出式(4-6)的结论,并基于此,给出k值逻辑控制网络的代数结构.

$$\frac{i}{k-1}\sim\delta_k^{k-i}, i=0,1,\cdots,k-1 \tag{4-6}$$

为了用代数结构来表达k值逻辑控制网络(4-5),我们定义一个新变量$X=\ltimes_{i=1}^{N}\aleph_i$. 基于布尔控制网络的结构可知,存在唯一的矩阵$L\in\pounds_{k\times k^{N+1}}$使得系统(4-5)可以表述成如下形式:

$$\aleph_0(t+1)=LX(t-\tau)\aleph_0(t) \tag{4-7}$$

系统(4-7)的目标函数可以设计如下:

$$J(X)=\lim_{T\to+\infty}\frac{1}{T}\sum_{t=1}^{T}H\left(\aleph_0(t)X(t-\tau)\right) \tag{4-8}$$

其中,H是由集合D_k^{N+1}到集合$\mathbf{R}$的一个映射. 本章的目标是设计一个最优控制策略$X^*(t)$来最大化目标函数$J(X)$,即

$$J^*(X):=J(X^*)=\max_X J(X) \tag{4-9}$$

4.2.3　多机器人追捕系统的拓扑结构

接下来的内容中,我们将介绍逻辑控制网络的拓扑结构,并且基于此结构研究最优控制问题. 本章还给出了最优控制器的具体设计形式.

前文中公式(4-5)给出了一个k值逻辑控制网络系统,其中,$\aleph_0,\aleph_i\in D_k$, $i=1,2,\cdots,N$. 公式(4-7)给出了k值逻辑控制网络的代数结构形式,其中,$L\in\pounds_{k\times k^{N+1}},\aleph_0,\aleph_i\in D_k,i=1,2,\cdots,N$.

则控制状态空间可以表述为

$$S=\left\{\left(\overline{X},\aleph_0\right)\middle|\overline{X}=\left(\aleph_1,\cdots,\aleph_N\right)\in D_k^N,\aleph_0\in D_k^1\right\} \tag{4-10}$$

状态空间S中的元素为$s(t)=X(t)\ltimes\aleph_0(t),s(t)\in\Delta_k^{N+1}$. 向量形式$s(t)$还会出现在后文中. 我们将研究控制状态空间$S$中环的重要结论, 通过研究发现, 最优轨迹是由环所形成的路径. 根据最优轨迹,我们可以推导出最优控制器

结构.

考虑在通信拓扑图S中有$\delta_{k^{N+1}}^{i}, i=1,\cdots,k^{N+1}$个顶点,采用符号$\overrightarrow{\delta_{k^{N+1}}^{i}\delta_{k^{N+1}}^{j}}$来表示从顶点$s(t)=\delta_{k^{N+1}}^{i}$到顶点$s(t+1)=\delta_{k^{N+1}}^{j}$的一条边.为了表述方便,$\overrightarrow{\delta_{k^{N+1}}^{i}\delta_{k^{N+1}}^{j}}$也可简记为$\delta_{k^{N+1}}(\vec{ij})$.对于一条路径$\left\{\delta_{k^{N+1}}^{i_1}\rightarrow\delta_{k^{N+1}}^{i_2}\rightarrow\cdots\rightarrow\delta_{k^{N+1}}^{i_d}\rightarrow\cdots\right\}$,如果存在一个整数$d$使得$\delta_{k^{N+1}}^{i_j}=\delta_{k^{N+1}}^{i_{j+d}}$,则将这条路径称为一个环,其中最小整数$d$称为环的长度.对于一个长度为$d$的环$C$,可以将顶点$s(t)=\delta_{k^{N+1}}^{l}$唯一地分解为$X(t)\aleph_0(t)=\delta_{k^N}^{i}\delta_k^{j}$,则可以将此环表述如下:

$$C=\left\{\left(\delta_{k^N}^{i(t-\tau)},\delta_k^{j(t)}\right)\rightarrow\left(\delta_{k^N}^{i(t+1-\tau)},\delta_k^{j(t+1)}\right)\rightarrow\cdots\rightarrow\left(\delta_{k^N}^{i(t+d-1-\tau)},\delta_k^{j(t+d-1)}\right)\right\} \tag{4-11}$$

为了表述简洁,我们可以将上式重记为

$$\begin{aligned}C=\delta_{k^N}\times\delta_k\{&(i(t-\tau),j(t))\rightarrow(i(t+1-\tau),j(t+1))\rightarrow\cdots\rightarrow\\&(i(t+d-1-\tau),j(t+d-1))\}\end{aligned} \tag{4-12}$$

由以上分析,我们可以得到如下结论.

命题 4.1[229] 一条边$\delta_{k^{N+1}}(\vec{ij})$存在,当且仅当

$$\mathrm{Col}_i(L)=\delta_k^{l},\text{其中}\ l=j(\mathrm{mod}\,k) \tag{4-13}$$

证明:由前述边的定义,我们知道$\delta_{k^{N+1}}(\vec{ij})$存在,当且仅当存在$k$值逻辑控制网络中的状态$X(t+1)$使得

$$X(t+1)L\delta_{k^{N+1}}^{i}=\delta_{k^{N+1}}^{j} \tag{4-14}$$

由于$L\delta_{k^{N+1}}^{i}=\mathrm{Col}_i(L)$,则系统(4-14)可重记为

$$X(t+1)\mathrm{Col}_i(L)=\delta_{k^{N+1}}^{j} \tag{4-15}$$

由前述结论可知,$\delta_{k^{N+1}}^{j}$可以唯一地分解为$\delta_{k^N}^{\xi}\delta_k^{l}$,其中$j=(\xi-1)k+l$,命题证明完毕.

从拓扑图结构来看,对于被控机器人数目较少的简单情况,我们可以直接从控制状态图中确定不动点和环.但是当机器人数量N很大时,则很难绘制控制状态拓扑图.因此,我们需要以代数结构形式推导出计算所有环的公式.则由公式(4-7),可以得出以下结果:

$$\begin{aligned}\aleph_0(t+d) &= LX(t+d-1-\tau)\aleph_0(t+d-1)\\ &= LX(t+d-1-\tau)LX(t+d-2-\tau)\cdots LX(t+1-\tau)LX(t-\tau)\aleph_0(t)\\ &= L\left(L_{k^N}\otimes L\right)X(t+d-1-\tau)X(t+d-2-\tau)\ltimes\\ &\quad LX(t+d-3-\tau)LX(t+d-4-\tau)\cdots LX(t-\tau)\aleph_0(t)\\ &\coloneqq L_d(\ltimes_{l=1}^{d}X(t+d-l-\tau))\aleph_0(t)\end{aligned} \tag{4-16}$$

其中，$L_d=\coprod_{i=1}^{d}\left(I_{k^{(i-1)N}}\otimes L\right)\in \pounds_{k\times k^{dN+1}}$.

为了便于在环的计算过程中进行表述，我们定义如下符号：

令$i,d\in \mathbf{Z}_+$，$P(d)$是由d的所有因数所构成的集合，则有

$$\theta_k^N(i,d)\coloneqq\left\{(j,l)\middle|\, l\in P(d),\ j<k^{lN}\text{ 使得 }\delta_{k^{dN}}^{i}=\left(\delta_{k^{lN}}^{j}\right)^{d/l}\right\} \tag{4-17}$$

这里，我们给出一种计算$\theta_k^N(i,d)$的方法：$\delta_{k^{dN}}^{i}$可以分解为$\ltimes_{l=1}^{d}\delta_{k^N}^{i_\alpha}$. 如果$\left\{i_1,i_2,\cdots,i_d\right\}$是环，则$\theta_k^N(i,d)$即可由此得出.

为了便于后文叙述，我们使用简单符号$\theta(i,d)$来代替复杂符号$\theta_k^N(i,d)$. 符号N代表输入数量，并且假设默认值k是逻辑型值.

定理4.1　考虑k值逻辑控制系统(4–7)的控制状态拓扑图，长度为d的环的数量可以通过以下等式确定：

$$N_d=\frac{1}{d}\sum_{i=1}^{k^{dN}}T\left(\mathrm{Blk}_i\left(L_d\right)\right) \tag{4-18}$$

其中，$T\left(\mathrm{Blk}_i\left(L_d\right)\right)=T_r\left(\mathrm{Blk}_i\left(L_d\right)\right)-\sum_{(j,l)\in\theta(i,d)}T\left(\mathrm{Blk}_j\left(L_l\right)\right)$.

证明：通过上述分析，我们知道控制状态空间S中的环是由状态空间中的环和控制空间中的环相乘构成的. 接下来，我们首先在状态空间中寻找环.

在状态空间中，如果环的长度是d，则可以通过(4–16)得到如下结果：

$$\aleph_0(t)=L_d\left((\ltimes_{l=1}^{d}X(t+d-l-\tau))\cdot\aleph_0(t)\right) \tag{4-19}$$

令$\ltimes_{l=1}^{d}X(t+d-l-\tau)=\delta_{k^{dN}}^{i}$，当$X(t+d-l-\tau),\cdots,X(t-\tau)$都是固定值时，我们可以得到如下结果：

$$\aleph_0(t)=\mathrm{Blk}_i\left(L_d\right)\aleph_0(t) \tag{4-20}$$

当$\aleph_0(t)=\delta_k^j$时，则$\mathrm{Blk}_i\left(L_d\right)$的第$\left(j,j\right)$个元素为1. 因此，在状态空间中，我们

能够找到一个环：

$$\{\aleph_0(t) \to LX(t-\tau)\aleph_0(t) \to L_2X(t+1-\tau)X(t-\tau)\aleph_0(t) \to \cdots \to L_dX(t+1-\tau)\cdots X(t-\tau)\aleph_0(t)\}$$

其长度为d，控制量为$X(t+d-l-\tau),\cdots,X(t-\tau)$. 由此可知，在状态空间中，我们可以通过将上述环与给定的X相乘，从而获得一个长度为d的环. 因此，推导出的长度为d的环的数量为$\frac{1}{d}\sum_{i=1}^{k^{dN}} T_r\left(\text{Blk}_i\left(L_d\right)\right)$.

对于长度d，我们可以选择一个合适的因数l，在控制条件$\tilde{X}(t+l-1-\tau)\cdots\tilde{X}(t-\tau)=\delta_{k^{lN}}^{j}$下，如果环的长度是$l$，则由前述分析可以设计出$\aleph_0(t)$. 由上述分析，假设已经选定了合适的$l,\aleph_0(t)$和$d$，在控制状态空间中，当且仅当$\delta_{k^{dN}}^{j}=\left(\delta_{k^{lN}}^{j}\right)^{dl}$时，我们能够得到相同的环. 因此，式(4-18)可以从消除多重环中推断出来. 定理4.1证明完毕.

由定理4.1的证明过程得到启发，下面我们归纳总结出设计环的算法：

(1) 对于一个给定的长度d，计算出相应的L_d.

(2) 对于矩阵$\text{Blk}_i\left(L_d\right)$的第$\left(j,j\right)$个元素，将其标注为$l_{jj}^{i,d}$. 对于矩阵$\text{Blk}_i\left(L_d\right)$，如果对一切$(\alpha,l)\in\theta(i,d)$，都满足条件$l_{jj}^{i,d}=1$和$l_{jj}^{\alpha,l}=0$，则对于长度为$d$、控制量为$X(t+d-1-\tau)\cdots X(t-\tau)=\delta_{k^{dN}}^{i}$的环来说，可以得到结论$\aleph_0(t)=\delta_k^j$，其中$1\leqslant i\leqslant k^{dN}$. 因此，我们能够得到如下形式的环：

$$\{X(t-\tau)\aleph_0(t) \to X(t+1-\tau)LX(t-\tau)\aleph_0(t) \to \cdots \to X(t+d-1-\tau)L_dX(t+d-1-\tau)\cdots X(t-\tau)\aleph_0(t)\}$$

(3) 如果$i\leqslant k^d-1$，则设置循环语句为$i=i+1$，并且返回第(2)步；否则设置循环语句为$d=d+1$，并且返回第(1)步.

定义 4.2 一个环$C=\delta_{k^N}\times\delta_k\{\left(i(t-\tau),j(t)\right)\to\left(i(t+1-\tau),j(t+1)\right)\to\cdots\to\left(i(t+d-1-\tau),j(t+d-1)\right)\}$如果满足如下条件(4-21)，就称其为简单环.

$$j(\xi)\neq j(l),t-\tau\leqslant\xi\leqslant t+d-1-\tau,t\leqslant l\leqslant t+d-1 \tag{4-21}$$

4.3　多机器人合作追捕系统的最优控制

4.3.1　优化算法

在这一部分,基于k值控制网络理论和最优环理论,可以设计出多机器人合作追捕系统的最优控制器和最优轨迹图.接下来,将介绍k值控制网络最优控制的存在性定理.

定理4.2　对于带有目标函数(4-8)的k值控制网络(4-5),存在一个最优控制$X^*(t-\tau)$使得目标函数最大化,并且$s^*(t)=X^*(t-\tau)\aleph_0^*(t)$的轨迹在有限时间后将变得具有周期性.

注4.4　本章中的定理4.2与文献[229]中的定理4.1的最大区别在于,定理4.2考虑了k值逻辑控制网络存在时延的情况,这种情况下更接近水下通信拓扑的真实状态.在此情况下,通过将逻辑函数表示为矩阵的形式,我们就可以得到寻找最优轨迹的方法.同时,我们还可以得到最优控制矩阵G^*,从而建立以下方程:

$$X^*(t+1)=G^*X^*(t-\tau)\aleph_0^*(t) \tag{4-22}$$

命题4.2　极限

$$J\left(X^*\right):=\lim_{T\to+\infty}\frac{1}{T}\sum_{t=1}^{T}H\left(\aleph_0^*(t-\tau),X^*(t-\tau)\right) \tag{4-23}$$

是存在的.

证明:正如系统(4-5)所示的,对于带有时延τ的k值逻辑控制网络,定理4.2给出了最优控制和最优轨迹的存在性结论.因此,最优轨迹将会收敛到稳定点.然而,对于固定的且有周期性的最优轨迹,$J(X^*)$是稳定点的平均值.命题4.2证明完毕.

对于一个环$C=\delta_{k^N}\times\delta_k\left\{\left(i(t-\tau),j(t)\right)\to\left(i(t+1-\tau),j(t+1)\right)\to\cdots\right.$
$\left.\to\left(i(t+d-1-\tau),j(t+d-1)\right)\right\}$,记

$$H(C)=\frac{1}{d}\sum_{s(t-\tau)\in C}H\left(\left(X(t-\tau),\aleph_0^*(t)\right)\right)=\frac{1}{d}\sum_{l=1}^{d}H\left(\delta_{k^N}^{i(t+l-1-\tau)},\delta_k^{j(t+l-1)}\right) \tag{4-24}$$

命题4.3　任意一个环C中都包含一个简单环C_s,并且有以下的关系式(4-

25)成立.

$$H\left(C_s\right) \geqslant H(C) \tag{4-25}$$

证明:对于带有时延τ的一个k值逻辑控制网络,任意一个环都可以记为$C = \delta_{k^N} \times \delta_k\left\{\left(i(t-\tau), j(t)\right) \to \left(i(t+1-\tau), j(t+1)\right) \to \cdots \to (i(t+d-1-\tau), j(t+d-1))\right\}$. 如果这个环本身就是一个简单环,则结论自然成立. 如果C不是一个简单环,则假设$\delta_k^{j(\xi)} = \delta_k^{j(l)}$, $\xi < 1$并且$C_1 = \delta_{k^N} \times \delta_k\left\{\left(i(\xi), j(\xi)\right) \to \cdots \to (i(l-1), j(l-1))\right\}$是一个简单环.

如果$H\left(C_1\right) \geqslant H(C)$,我们就能够得到命题中的结论.

如果$H\left(C_1\right) < H(C)$,我们可以去掉环C_1. 因为$L\delta_{k^N}^{i(\xi-1)}\delta_k^{j(\xi-1)} = \delta_k^{i(\xi)} = \delta_k^{j(l)}$,则剩下的部分可以组成一个新的环$C_1'$. 因此,可以得到结论$H(C_1') \geqslant H(C)$. 如果$C_1'$是一个简单环,则可以得到命题中的结论.

如果C_1'不是一个简单环,则可以找到一个简单环C_2. 如果C_2满足条件(4-25),则可以证明命题4.3的结论. 如果C_2不满足条件(4-25),则可以去掉环C_2. 继续这个过程,我们一定能够找到一个满足条件(4-25)的简单环C_s. 命题4.3证明完毕.

符号$R\left(\aleph_0\right)$表示状态$\aleph_0$的一个可达集. 如果环C中的任意一个元素都属于集合$R\left(\aleph_0\right)$,则C是定义在集合$R\left(\aleph_0\right)$上的一个环,即$C \subset R\left(\aleph_0\right)$.

定义 4.3 预设一个初始状态为$\aleph_0(0)$,我们将满足以下条件(4-26)的环C^*称为一个最优环.

$$C^* \in \arg \max_{C \subset R\left(\aleph_0(0)\right)} H(C) \tag{4-26}$$

基于式(4-16)的结论可知,在第d步,由初始状态$\aleph_0(0)$可到达如下状态:

$R_d\left(\aleph_0(0)\right) = \{X(d-\tau) L_d \ltimes^{d}_{l=1} X(d-l-\tau) \aleph_0(0) \mid \forall X(l-\tau) \in \Delta_{k^N},\ 0 \leqslant l \leqslant d-\tau\}$. 假设$\aleph_0(0) = \delta_k^{j(0)}$, $R_d\left(\aleph_0(0)\right) = \left\{X(d-\tau) \mathrm{Col}_d\left(L_d\right) \middle| \ltimes X(d-\tau) \in \Delta_{k^N}, l = j(0) (\bmod k)\right\}$.

对于初始状态$\aleph_0(0)$,如果状态$\delta_{k^N}^i \delta_k^j$在第$d$步可达,$d > k$,则从$\aleph_0(0)$到$\delta_{k^N}^i \delta_k^j$的路径至少经过两次相同的状态. 基于命题4.3的结论,路径可以简化. 最终,对于初始状态$\aleph_0(0)$,我们可以在第d'步到达状态$\delta_{k^N}^i \delta_k^j$, $1 \leqslant d' \leqslant k$. 因此,

$$R\left(\aleph_0(0)\right)=\bigcup_{d=1}^{k}R_d\left(\aleph_0(0)\right) \tag{4-27}$$

经过进一步分析可知，从初始状态$\aleph_0(0)$开始，集合$\left\{X\aleph_0(0)\middle|\forall X\in D_k\right\}$是第一个可达集．对于任意一条满足条件$\delta_{k^N}^{i}\delta_k^{j}=\delta_{k^{N+1}}^{\alpha}$的路径，都可以到达集合$\left\{X\mathrm{Col}_\alpha(L)\middle|\forall X\in D_k\right\}$．因此，使用一个简单的深度优先搜索算法，可以得到一个可达集．

通过以上分析，我们可以得到最优环的结论，即最优环C^*只能存在于集合$R\left(\aleph_0(0)\right)$的所有简单环中．接下来，我们将采用形式(4-28)作为从初始状态$R\left(\aleph_0(0)\right)$到最优环$C^*$的最短路径．

$$\delta_{k^N}^{i(0)}\delta_k^{j(0)}\to\delta_{k^N}^{i(1)}\delta_k^{j(1)}\to\cdots\to\delta_{k^N}^{i\left(T_0-1\right)}\delta_k^{j\left(T_0-1\right)}\to C^* \tag{4-28}$$

其中，$C^*=\delta_{k^N}\times\delta_k\left\{\left(i\left(T_0\right),j\left(T_0\right)\right)\to\cdots\to\left(i\left(T_0+d-1-\tau\right),j\left(T_0+d-1\right)\right)\right\}$，则最短路径(4-28) 被称为最优轨迹．

接下来，我们将总结最优控制矩阵G^*的存在性并给出证明．

定理4.3 给定一个k值逻辑控制网络(4-5)和一个目标函数(4-8)，可以设计出一个最优轨迹(4-28)和最优控制$X^*(t)$. 则我们可以找到一个逻辑矩阵$G^*\in\pounds_{k^N\times k^{N+1}}i$，并且满足

$$\begin{cases}\aleph_0^*(t+1)=LX^*(t-\tau)\aleph_0^*(t)\\X^*(t+1)=G^*X^*(t)\aleph_0^*(t-\tau)\end{cases} \tag{4-29}$$

证明：基于命题4.3，我们知道可以从简单环中找到一个最优环．一个简单环的长度小于或者等于k. 给定轨迹的初始状态$\delta_k^{i(0)}$，我们可以找到长度不超过k的环．这些环都是始于初始状态$\delta_k^{i(0)}$. 然后，我们可以从所有这些环中得到最优轨迹(4-28). 从以上分析可以得到结论$T_0+d\leqslant k^{N+1}$. 因此，在最优控制矩阵G^*中存在T_0+d个列向量，并且满足

$$\mathrm{Col}_i(G^*)=\begin{cases}\delta_{k^N}^{i(l+1)},i=k(i(l))+j(l),l\leqslant T_0+d-2-\tau\\\delta_{k^N}^{i\left(T_0\right)},i=k\left(i\left(T_0+d-2-\tau\right)-1\right)+j\left(T_0+d-1-\tau\right)\end{cases} \tag{4-30}$$

矩阵$G^*\left(\mathrm{Col}_i(G^*)\subset\Delta_{k^N}\right)$的其他列向量可以是任意的，则矩阵$G^*$就构造完成了．定理4.3证明完毕．

4.3.2 多机器人控制器设计

本段基于控制算法(4–29),可以进一步设计出机器人的控制力和力矩,从而达到多机器人协作追捕的控制目标.

在控制律(4–29)的作用下,第i个机器人将从位置$\boldsymbol{\eta}_i(t)$移动一个空间网格到相应的位置$\boldsymbol{\eta}_i(t+1)$,其中$\boldsymbol{\eta}_i(t),\boldsymbol{\eta}_i(t+1)\in\Delta_{l_im_in_i}$,并且$i=0,1,2,\cdots,N+1$.由参考文献[230]可知,存在一个逻辑矩阵$\Gamma_i\in\pounds_{l_im_in_i\times kl_im_in_i}$,使得

$$\boldsymbol{\eta}_i(t+1)=\Gamma_iX_i(t)\boldsymbol{\eta}_i(t) \tag{4–31}$$

其中,$\Gamma_i=\left[\delta_{l_im_in_i}^{j_1},\delta_{l_im_in_i}^{j_2},\cdots,\delta_{l_im_in_i}^{j_{15l_im_in_i}}\right]$. $\pounds_{l_im_in_i\times kl_im_in_i}$是所有$l_im_in_i\times kl_im_in_i$阶逻辑矩阵所构成的集合.

在三维水下空间,假设有一组$N+1$个机器人,其初始位置任意,多机器人之间的通信连接是无向的,第i个追捕机器人与逃跑机器人之间有通信连接,$i=1,2,\cdots,N$.

基于视线导航原理,我们将第i个机器人从第t步移动到第$t+1$步的距离变量记为$E_i(t)$,视线角变量分别记为$\theta_{id}(t),\psi_{id}(t)$,如图4.2所示,则有

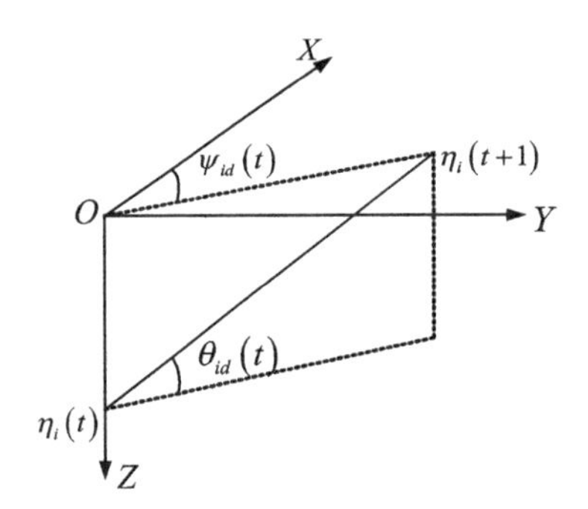

图4.2 视线角$\theta_{id}(t)$和$\psi_{id}(t)$

$$E_i(t)=\sqrt{\left(x_i(t)-x_i(t+1)\right)^2+\left(y_i(t)-y_i(t+1)\right)^2+\left(z_i(t)-z_i(t+1)\right)^2} \tag{4–32}$$

$$\theta_{id}(t)=\arctan\left(\left(z_i(t)-z_i(t+1)\right)/\sqrt{\left(x_i(t)-x_i(t+1)\right)^2+\left(y_i(t)-y_i(t+1)\right)^2}\right) \tag{4–33}$$

$$\psi_{id}(t)=\arctan\left(\left(y_i(t)-y_i(t+1)\right)\right)/\left(x_i(t)-x_i(t+1)\right) \tag{4–34}$$

其中，$x_i(t+1)$，$y_i(t+1)$和$z_i(t+1)$用公式(4-31)来计算．由图4.2可知，

$$x_i(t)-x_i(t+1)=-E_i(t)\cos\theta_{id}(t)\cos\psi_{id}(t) \tag{4-35}$$

$$y_i(t)-y_i(t+1)=-E_i(t)\cos\theta_{id}(t)\sin\psi_{id}(t) \tag{4-36}$$

$$z_i(t)-z_i(t+1)=E_i(t)\sin\theta_{id}(t) \tag{4-37}$$

定义如下的新变量：

$$\theta_{ie}(t)=\theta_i(t)-\theta_{ie}(t) \tag{4-38}$$

$$u_{ie}(t)=u_i(t)-u_{ie}(t) \tag{4-39}$$

$$\psi_{ie}(t)=\psi_i(t)-\psi_{ie}(t) \tag{4-40}$$

距离变量$E_i(t)$的瞬时变化率可计算为

$$\begin{aligned}\dot{E}_i(t)=&\frac{1}{E_i(t)}\Big[-E_i(t)\cos\theta_{ie}(t)\cos\psi_{id}(t)\dot{x}_i(t)-\\&E_i(t)\cos\theta_{ie}(t)\sin\psi_{id}(t)\dot{y}_i(t)+E_i(t)\sin\theta_{id}(t)\dot{z}_i(t)\Big]\\&=-u_{id}(t)+\Big[-\cos\psi_{id}(t)\cos\theta_i(t)\cos\theta_{id}(t)-\sin\theta_i(t)\sin\theta_{id}(t)\Big]u_{ie}(t)+\\&\left[-\frac{\sin\theta_{ie}(t)}{\theta_{ie}(t)}w_i(t)+\frac{1-\cos\theta_{ie}(t)}{\theta_{ie}(t)}u_{id}(t)\right]\theta_{ie}(t)+\\&\Big[\cos\theta_i(t)\cos\theta_{id}(t)u_{id}(t)+\sin\theta_i(t)\cos\theta_{id}(t)w_i(t)\Big]\frac{1-\cos\psi_{ie}(t)}{\psi_{ie}(t)}\psi_{ie}(t)\end{aligned} \tag{4-41}$$

控制目标：设计反馈控制器F_{1i}，F_{2i}和F_{3i}，使得

$$\lim_{t\to+\infty}E_i(t)=0,\ \lim_{t\to+\infty}\chi_{ie}(t)=0,\ \forall i\in v \tag{4-42}$$

其中，$\chi_{ie}(t)=\{\theta_{ie}(t),\psi_{ie}(t),u_{ie}(t)\}$．即当$t\to+\infty$时，第$i$个追捕机器人可以移动到逃跑机器人位置，$i$=1，2，…，$N$，从而完成协作追捕任务．

本段基于反步法给出协作追捕控制器设计方案．近年来，反步法技术在处理非线性控制问题上的独特优势引起了许多学者的关注．反步法技术的基本设计思想是将复杂的非线性系统分解为子系统，子系统的数量不得超过系统的阶数．对于每个子系统，反步法都会选定一个代价函数，即李雅普诺夫函数．为了让一个子系统收敛，则需要设计相应的虚拟控制律．在下一个子系统的设计过程中，将上一个子系统的虚拟控制律作为下一个子系统的跟踪目标．与前一个子系统的设计过程类似，得到下一个子系统的虚拟控制律．通过类比，得到整个闭环系统的实际控制律，并通过李雅普诺夫稳定性分析保证闭环系统的收敛性.

对于水下三维空间运动的机器人来说，我们首先考虑由径向速度、俯仰角度和首摇角度所组成的控制误差向量，因此定义控制误差向量 h_{i1} 如下：

$$h_{i1}=\left[\int_{t}^{t+1}u_{ie}(s)\mathrm{d}s,\theta_{ie},\psi_{ie}\right]^{\mathrm{T}} \tag{4-43}$$

在控制误差向量 h_{i1} 的定义中，我们考虑在单位时间内径向速度 u_{ie} 的定积分. 这是因为机器人在水下环境中运动时，速度很容易受到外界干扰，考虑在单位时间内外界干扰的累积效应，从而提高了设计控制器的鲁棒性.

接下来，我们将非线性控制器的设计过程分为两步来进行.

第一步，我们首先定义一个新的控制误差向量 h_{i2}：

$$h_{i2}=\bar{v}_i-\alpha_i=\left[u_i-\alpha_{i1},v_i-\alpha_{i2},w_i-\alpha_{i3},q_i-\alpha_{i4},r_i-\alpha_{i5}\right]^{\mathrm{T}} \tag{4-44}$$

其中，$\bar{v}_i=\left[u_i,v_i,w_i,q_i,r_i\right]^{\mathrm{T}}\in\mathbf{R}^{5\times1}$，$\alpha_i=\left[\alpha_{i1},\alpha_{i2},\alpha_{i3},\alpha_{i4},\alpha_{i5}\right]^{\mathrm{T}}\in\mathbf{R}^{5\times1}$ 为虚拟控制器. 为了便于对系统进行稳定性分析，我们需要计算 h_{i1} 的增量比极限.

$$\dot{h}_{i1}=\begin{bmatrix}1&0&0\\0&1&0\\0&0&\dfrac{1}{\cos\theta_i}\end{bmatrix}\left(F_ih_{i2}+\begin{bmatrix}\alpha_{i1}\\\alpha_{i4}\\\alpha_{i5}\end{bmatrix}\right)-\begin{bmatrix}u_{id}\\\dot{\theta}_{id}\\\dot{\psi}_{id}\end{bmatrix} \tag{4-45}$$

$$F_i=\begin{bmatrix}1&0&0&0&0\\0&0&0&1&0\\0&0&0&0&1\end{bmatrix} \tag{4-46}$$

虚拟控制器 α_{i1}，α_{i4} 和 α_{i5} 的具体设计方案如下：

$$\begin{bmatrix}\alpha_{i1}\\\alpha_{i4}\\\alpha_{i5}\end{bmatrix}=\begin{bmatrix}1&0&0\\0&1&0\\0&0&\cos\theta_i\end{bmatrix}\left(\begin{bmatrix}u_{id}\\\dot{\theta}_{id}\\\dot{\psi}_{id}\end{bmatrix}-K_ih_{i1}\right) \tag{4-47}$$

其中，$K_i\in\mathbf{R}^{3\times3}$，并且 $K_i=K_i^{\mathrm{T}}>0$. 进而有如下等式成立：

$$\dot{h}_{i1}=-K_ih_{i1}+\bar{F}_i\left(\bar{\eta}_i\right)h_{i2} \tag{4-48}$$

其中，$\bar{\eta}_i=\left[x_i,y_i,z_i,\theta_i,\psi_i\right]^{\mathrm{T}}\in\mathbf{R}^{5\times1}$，

$$\dot{h}_{i1} = -K_i h_{i1} + \overline{F}_i\left(\overline{\eta}_i\right) = \begin{bmatrix} 1 & 0 & 0 \\ 0 & 1 & 0 \\ 0 & 0 & \dfrac{1}{\cos\theta_i} \end{bmatrix} F_i = \begin{bmatrix} 1 & 0 & 0 & 0 & 0 \\ 0 & 0 & 0 & 1 & 0 \\ 0 & 0 & 0 & 0 & \dfrac{1}{\cos\theta_i} \end{bmatrix} \tag{4-49}$$

对于系统(4-49),设计一个李雅普诺夫函数 $V_1 = \dfrac{1}{2}\sum_{i=1}^{n} h_{i1}^{\mathrm{T}} h_{i1}$. 李雅普诺夫函数 V_1 的瞬时变化率可以计算如下:

$$\begin{aligned} \dot{V}_1 &= \sum_{i=1}^{n}\left(-h_{i1}^{\mathrm{T}} K_i h_{i1} + h_{i1}^{\mathrm{T}} \overline{F}_i\left(\overline{\eta}_i\right) h_{i2}\right) \\ &= \sum_{i=1}^{n}\left(-h_{i1}^{\mathrm{T}} K_i h_{i1} + \left(u_i - \alpha_{i1}\right)\int_t^{t+1} u_{ie}(s)\,\mathrm{d}s + \left(q_i - \alpha_{i4}\right)\theta_{ie} + \left(r_i - \alpha_{i5}\right)\frac{\psi_{ie}}{\cos\theta_i}\right) \end{aligned} \tag{4-50}$$

第二步,基于系统(4-2),我们计算出 h_{i2} 的增量比极限,即

$$\dot{h}_{i2} = \begin{bmatrix} \left(m_{22i}v_i r_i - m_{33i}w_i q_i - d_{11i}u_i + F_{1i}\right)/m_{11i} - \dot{\alpha}_{i1} \\ \left(-m_{11i}u_i r_i - d_{22i}v_i\right)/m_{22i} - \dot{\alpha}_{i2} \\ \left(m_{11i}u_i q_i - d_{33i}w_i\right)/m_{33i} - \dot{\alpha}_{i3} \\ \left(\left(m_{33i} - m_{11i}\right)u_i w_i - d_{55i}q_i - \rho g\nabla\overline{GM}_{L_i}\sin\theta_i + F_{2i}\right)/m_{55i} - \dot{\alpha}_{i4} \\ \left(\left(m_{11i} - m_{22i}\right)u_i v_i - d_{66i}r_i + F_{3i}\right)/m_{66i} - \dot{\alpha}_{i5} \end{bmatrix} \tag{4-51}$$

定义

$$M_i = \begin{bmatrix} m_{11i} & 0 & 0 & 0 & 0 \\ 0 & m_{22i} & 0 & 0 & 0 \\ 0 & 0 & m_{66i} & 0 & 0 \\ 0 & 0 & 0 & m_{55i} & 0 \\ 0 & 0 & 0 & 0 & m_{66i} \end{bmatrix} \tag{4-52}$$

则

$$\begin{aligned} h_{i2}^{\mathrm{T}} M_i h_{i2} = &\left(u_i - \alpha_{i1}\right)\left(m_{22i}v_i r_i - m_{33i}w_i q_i - d_{11i}u_i + F_{1i} - m_{11i}\dot{\alpha}_{i1}\right) + \\ &\left(v_i - \alpha_{i2}\right)\left(-m_{11i}u_i r_i - d_{22i}v_i - m_{22i}\dot{\alpha}_{i2}\right) + \\ &\left(w_i - \alpha_{i3}\right)\left(m_{11i}u_i q_i - d_{33i}w_i - m_{33i}\dot{\alpha}_{i3}\right) + \\ &\left(q_i - \alpha_{i4}\right)\left[\left(m_{33i} - m_{11i}\right)u_i w_i - d_{55i}q_i - \rho g\nabla\overline{GM}_{L_i}\sin\theta_i + \right. \\ &\left. F_{2i} - m_{55i}\dot{\alpha}_{i4}\right] + \left(r_i - \alpha_{i5}\right)\left[\left(m_{11i} - m_{22i}\right)u_i w_i - d_{55i}r_i + \right. \\ &\left. F_{3i} - m_{66i}\dot{\alpha}_{i5}\right] \end{aligned} \tag{4-53}$$

对于整个控制系统，我们设计一个总的李雅普诺夫函数 V_2，即

$$V_2 = V_1 + \sum_{i=1}^{n}\left(\frac{1}{2} h_{i2}^{\mathrm{T}} M_i h_{i2}\right) \tag{4-54}$$

李雅普诺夫函数 V_2 的瞬时变化率可以计算为

$$\begin{aligned}
\dot{V}_2 &= \dot{V}_1 + \sum_{i=1}^{n}\left(h_{i2}^{\mathrm{T}} M_i \dot{h}_{i2}\right) \\
&= \sum_{i=1}^{n}\Big\{-h_{i1}^{\mathrm{T}} K_i h_{i1} + \left(u_i - \alpha_{i1}\right)\int_t^{t+1} u_{ie}(s)\,\mathrm{d}s + \left(q_i - \alpha_{i4}\right)\theta_{ie} + \left(r_i - \alpha_{i5}\right) \times \\
&\quad \frac{\psi_{ie}}{\cos\theta_i} + \left(u_i - \alpha_{i1}\right)\left(m_{22i} v_i r_i - m_{33i} w_i q_i - d_{11i} u_i + F_{1i} - m_{11i}\dot{\alpha}_{i1}\right) + \\
&\quad \left(v_i - \alpha_{i2}\right)\left(-m_{11i} u_i r_i - d_{22i} v_i - m_{22i}\dot{\alpha}_{i2}\right) + \left(w_i - \alpha_{i3}\right)\left(m_{11i} u_i q_i - \right. \\
&\quad \left. d_{33i} w_i - m_{33i}\dot{\alpha}_{i3}\right) + \left(q_i - \alpha_{i4}\right)\Big[\left(m_{33i} - m_{11i}\right) u_i w_i - d_{55i} q_i - \\
&\quad \rho g \nabla \overline{GM}_{L_i} \sin\theta_i + F_{2i} - m_{55i}\dot{\alpha}_{i4}\Big] + \left(r_i - \alpha_{i5}\right)\Big[\left(m_{11i} - m_{22i}\right) u_i w_i - \\
&\quad d_{55i} r_i + F_{3i} - m_{66i}\dot{\alpha}_{i5}\Big]\Big\}
\end{aligned} \tag{4-55}$$

本章我们基于反步法技术设计了协调追捕控制力和力矩，则第 i 个机器人的虚拟控制器和实际执行器可以设计如下：

$$r_i = \begin{cases} \left[-k_{1i}\left(v_i - \alpha_{i2}\right) + d_{22i} v_i + m_{22i}\dot{\alpha}_{i2}\right] / \left(-m_{11i} u_i\right), & if u_i \neq 0 \\ 0, & if u_i = 0 \end{cases} \tag{4-56}$$

$$q_i = \begin{cases} \left[-k_{2i}\left(w_i - \alpha_{i3}\right) + d_{33i} w_i + m_{33i}\dot{\alpha}_{i3}\right] / \left(m_{11i} u_i\right), & if u_i \neq 0 \\ 0, & if u_i = 0 \end{cases} \tag{4-57}$$

$$F_{1i} = -k_{3i}\left(u_i - \alpha_{i1}\right) - m_{22i} v_i r_i + m_{33i} w_i q_i + d_{11i} u_i + m_{11i}\dot{\alpha}_{i1} - \int_t^{t+1} u_{ie}(s)\,\mathrm{d}s \tag{4-58}$$

$$F_{2i} = -k_{4i}\left(q_i - \alpha_{i4}\right) - \left(m_{33i} - m_{11i}\right) u_i w_i + d_{55i} q_i + \rho g \nabla \overline{GM}_{L_i} \sin\theta_i + m_{55i}\dot{\alpha}_{i4} - \theta_{ie} \tag{4-59}$$

$$F_{3i} = -k_{5i}\left(r_i - \alpha_{i5}\right) - \left(m_{11i} - m_{22i}\right) u_i w_i + d_{66i} r_i + m_{66i}\dot{\alpha}_{i5} - \frac{\psi_{ie}}{\cos\theta_i} \tag{4-60}$$

其中，$k_{1i} > 0, k_{2i} > 0, k_{3i} > 0, k_{4i} > 0, k_{5i} > 0$.

4.3.3　主要结论及稳定性分析

本章主要内容可以用以下定理概括：

定理4.4　第i个机器人的运动学系统和动力学系统分别为(4-1)和(4-2)，机器人之间的通信拓扑是无向的、固定的、连通的.基于混合值逻辑控制网络(4-7)，建立了协作追捕控制算法(4-29).在假设4.1下，所设计的控制器(4-56)～(4-60)将驱动每个追捕机器人运动到逃跑机器人路径点，最终满足协作追捕要求.

证明：如前文所述，本章中控制器的设计过程是基于反步法原理.在4.3.2中，详细阐述了虚拟控制器以及实际控制力和力矩的设计过程.同时，方程(4-54)和方程(4-55)分别详细描述了整个系统的李雅普诺夫函数及其瞬时变化率.接下来，将方程式(4-56)～(4-60)代入方程式(4-55)中，可以得到以下结果：

$$\dot{V}_2 = \sum_{i=1}^{n}\Big\{-h_{i1}^{\mathrm{T}}K_i h_{i1} - k_{1i}\big(v_i - \alpha_{i2}\big)^2 - k_{2i}\big(w_i - \alpha_{i3}\big)^2 - k_{3i}\big(u_i - \alpha_{i1}\big)^2 - k_{4i}\big(q_i - \alpha_{i4}\big)^2 - k_{5i}\big(r_i - \alpha_{i5}\big)^2\Big\} \leqslant 0 \tag{4-61}$$

通过方程(4-61)的稳定性分析，我们知道跟踪误差向量$\left(h_{i1}^{\mathrm{T}}, h_{i2}^{\mathrm{T}}\right)$可以渐近收敛到平衡点$\left(\mathbf{0}_{3\times1}^{\mathrm{T}}, \mathbf{0}_{5\times1}^{\mathrm{T}}\right)$.也就是说，追捕机器人可以准确地跟踪所需的路径点，即逃跑机器人的路径点.根据定理4.3，当$t \to +\infty$时，算法(4-29)将会驱动第i个追捕机器人跟踪逃跑机器人，并完成协作追捕任务，$i=1,2,\cdots,N$.定理4.4证明完毕.

4.4　仿真分析

为了进一步说明本文所设计的控制器的有效性，我们将在水下三维空间中模拟五个机器人的协作追捕运动.仿真平台为MATLAB软件.机器人的编号分别为0、1、2、3、4，其中编号为0的机器人是逃跑者，编号为1、2、3、4的机器人是追捕者.假设所有机器人均配备螺旋桨，以提供径向驱动力、俯仰力矩和首摇力矩.机器人的动力学模型参数设置如下：

$m_{11i} = 25\ \mathrm{kg}, m_{22i} = 20\ \mathrm{kg}, m_{33i} = 20\ \mathrm{kg}, m_{55i} = 2.0\ \mathrm{kg\cdot m^2}, m_{66i} = 2.5\ \mathrm{kg\cdot m^2},$

$d_{11i} = 7\ \text{kg}\cdot(\text{m}\cdot\text{s}^{-1}), d_{22i} = 7\ \text{kg}\cdot(\text{m}\cdot\text{s}^{-1}), d_{33i} = 6\ \text{kg}\cdot(\text{m}\cdot\text{s}^{-1}), d_{55i} = 5\ \text{kg}\cdot(\text{m}\cdot\text{s}^{-1}),$ $d_{66i} = 5\ \text{kg}\cdot(\text{m}\cdot\text{s}^{-1}), \overline{GM}_{L_i} = 1\ \text{m}.$

机器人的初始位置和初始方向角设置如下：

$x_0(0) = 0, y_0(0) = 10, z_0(0) = 10, \theta_0(0) = 0, \psi_0(0) = 0;$

$x_1(0) = -1, y_1(0) = 2, z_1(0) = 10, \theta_1(0) = 0, \psi_1(0) = 0;$

$x_2(0) = -3, y_2(0) = 10, z_2(0) = 0, \theta_2(0) = 0, \psi_2(0) = 0;$

$x_3(0) = -3, y_3(0) = 6, z_3(0) = 9, \theta_3(0) = 0, \psi_3(0) = 0;$

$x_4(0) = -4, y_4(0) = 9, z_4(0) = 5, \theta_4(0) = 0, \psi_4(0) = 0.$

逃跑机器人的离散位置分别设置为：$\eta_0(1) = [0, 10, 10]^{\mathrm{T}}$，$\eta_0(2) = [2.5, 10.2, 9.2]^{\mathrm{T}}$，$\eta_0(3) = [4.2, 7.8, 8.5]^{\mathrm{T}}$，$\eta_0(4) = [6.8, 8.1, 7]^{\mathrm{T}}$，$\eta_0(5) = [8.2, 6.4, 6.8]^{\mathrm{T}}$，$\eta_0(6) = [10, 5, 6]^{\mathrm{T}}$.

为简单起见，本章中暂时不涉及多个机器人之间的碰撞和避障问题. $u_i(0) = 1\ \text{m/s}$，时延为$\tau = 1\ \text{s}$，$l_i = m_i = 50, n_i = 10, i=0,1,2,3,4$. 所设计的控制器形式为(4-38)～(4-42)，其中，控制增益可以选为$k_{i1} = k_{i2} = k_{i3} = k_{i4} = k_{i5} = 1$.

图4.3和图4.4分别显示了机器人协作追捕运动在不同时期的效果. 由仿真效果图可见，虽然时延的存在导致了追捕的滞后性，但在有效的路径规划下，追捕机器人能够追踪到逃跑机器人，并且将其包围.

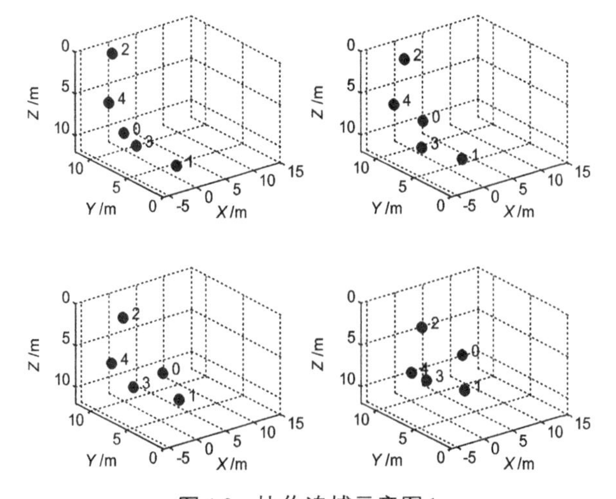

图4.3　协作追捕示意图1

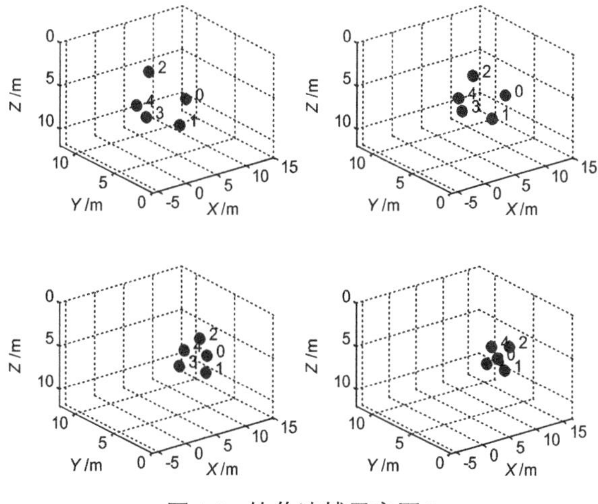

图4.4　协作追捕示意图2

4.5　本章小结

本章采用k值逻辑控制网络来研究多机器人的协作追捕控制问题，文中引入了矩阵的半张量积来解决高维矩阵运算问题．考虑水声通信中时延对控制算法的影响，将通信时延对多机器人优化和协作追捕控制的影响用矩阵表示．并且，文中将多机器人优化和协作追捕控制算法也用逻辑矩阵表示．从仿真结果我们看到了控制器的有效性．

接下来，我们将继续研究复杂通信环境下多机器人的协调运动控制问题．复杂的水声通信是一个现实而紧迫的限制约束问题，除了时延和噪声对通信的影响外，我们还将研究短暂连通缺失、时变时延、通信信道减少、通信预算紧缩等对控制的影响问题．

第5章　博弈论框架下带有时延的协调控制问题研究

本章针对多个欠驱动水下航行器的集合控制问题,提出了一种分布式控制器.多个机器人在水下空间做三维运动,编队控制器的设计过程分为两部分:第一部分,在学习博弈算法的基础上,建立了系统的分布式优化方法,该算法继承了学习博弈论的本质,即简化和收敛的性质,学习的特性使算法具有鲁棒性和自治性.第二部分,基于上述算法和视线角导航原理,设计了路径点跟踪控制器.本章将位置误差的跟踪控制问题转化为速度误差、首摇角误差和俯仰角误差的稳定控制问题.控制器设计过程分为两个阶段,从而避免了奇异点出现的问题.基于李雅普诺夫稳定性理论和自适应反步迭代设计方法,实现了机器人的速度、首摇角度和俯仰角度的精确跟踪控制.最后,仿真结果验证了该控制器的有效性.

5.1　引言

对于多智能体协调控制问题,总体目标可能涉及一个集合或者几个集合,如具有深度研究背景的多智能体目标集聚合问题.一个多智能体系统,比如一个生物群体或一个机器人团队,通常有一个目标集,使得多智能体最终的运动状态收敛到这个目标集中.该目标集可以是食物富集区、集体筑巢或栖息地,也可以是任务覆盖区.如何将多智能体的运动状态控制在目标区域并停留在目标区域已成为一个重要的问题.此外,在控制优化过程中,每个单智能体只优化自己的运动指标,但总体目标是对整个系统进行优化控制,这就产生了博弈现象.同时,多智能体之间的信息交换往往是时变的,在这种情况下,解决完整系统拓扑结构下多智能体的分布式集合优化问题仍然面临着许多重要的挑战.此外,

对于聚集协调控制问题的研究也为多智能体系统的理论研究提供了一种新的方法和思路.因此,研究目标集在多智能体系统中的作用具有广泛的现实背景和理论意义.

聚集问题被认为是生物群落中群体行为最直接的表现形式之一.许多学者都致力于这一领域的学习和研究,并且形成了很多重要的研究成果.聚集问题主要是对一组智能体进行研究,这组智能体最初分散在空间中,然后利用周围邻居智能体的信息独立决定自己的移动方向和位移,最后使得他们在保持一定距离的基础上聚集在一起,形成一个有机的整体.其主要思想是,设计系统中智能体之间的综合控制力及力矩,使得群智能体之间既相互吸引进而聚集,又能够实现动态避碰[231-233].Kun是使用数学方程研究一群智能体聚集问题的学者之一.在文献[234]中,Kun提出了一个由简单的吸引/排斥函数组成的群聚集模型.Ma和他的合作者们在群聚集问题的稳定性分析方面做出了非常重要的贡献[235].基于李雅普诺夫稳定性理论,Ma在文献[235]中证明了在干扰和输入饱和的情况下群聚集问题的稳定性.在文献[236]中,Lee将群聚集模型推广到了n维空间,并且基于李雅普诺夫稳定性分析理论证明了群聚集模型的稳定性.

博弈论是解决多智能体、多目标问题的重要理论工具,博弈论已广泛应用于多智能体系统的协调控制问题中.Jeffrey Rosenschein和他的同事是第一个将博弈论引入多智能体系统研究的团队.在他的博士论文[237]中,Jeffrey Rosenschein用博弈论分析了大量多智能体之间的相互作用.文献[237]推导出了特定场景中在没有通信连接的情况下可以实现多智能体之间的合作与协调的结论.在所有智能体都是理性的假设下,博弈论为预测其他智能体可能选择的策略提供了理论基础.然而,由于缺少通信连接,每个智能体无法将其他智能体的决策作为自己的参考依据,每个智能体仅能根据环境状况做出决策.Mo和Xu使用递归迭代模型[238]来研究协调控制问题.每个智能体不仅可以根据自身的环境信息,还可以根据来自其他智能体的信息来预测自己和其他智能体的合理行为及决策的概率分布情况.文献[238]用动态规划方法解决了动态递推问题.Zhang和Zhao[239]考虑了联合决策对单个智能体行为的所有影响,并引入了虚拟博弈的概念,改进了原有单个智能体的强化学习方法.该方法可以保证系统的收敛性,但不能达到最优的总体目标.基于上述理论,Tatarenko[240]进一步提出了在未知环境和存在多个纳什均衡解的情况下的自适应学习方法.文献[241]研究了多智能体的运动规划问题,提出了一种开环非合作微分策略来描述智能体的运动规划问题.博弈的纳什均衡可由分布式控制算法计算得出.文献[242]提出了奶牛路径博弈理论,进而来研究多智能体系统中的战略决策问题.这些智能体的感知能力和对目标位置的先验知识被认为是有限的,根据特定的研究场景,每个智能体必须找到一种方法,根据与其他智能体之间的博弈竞争来实现代价最小且达标最准的高效控制效果.在文献[243]中,作者基于学习博弈算法建立了一种系统的分布式优化方法,所设计的算法继承了学习博弈论的性质,可用于被控问题简化,也可用于被控问题收敛性的证明中.学习行为赋予了算法的鲁棒性和自适应性.

基于博弈论的多个欠驱动型水下机器人完成聚集控制需要解决以下三个问题:首先,在水下三维空间中,对于多机器人而言,需要建立分布式博弈论模型.在博弈论中,每一个机器人都被认为是短视和理性的参与者.其次,基于反映多机器人联合控制策略性能的全局代价函数,推导出最优控制策略.最后,基于所建立的优化控制策略,进一步为每一个机器人设计控制力和力矩.

基于上述讨论,本章提出了一种水下三维空间中多机器人聚集任务的控制策略,该方法基于合作博弈论和对策博弈论.基于状态势博弈框架模型,本章设计了一种分布式优化算法.基于推导的算法,本章考虑了单个机器人路径点跟踪控制问题,引入视线法设计路径点跟踪控制器.该方法将位置误差控制转化为速度误差、俯仰角度误差和偏航角度误差的渐近稳定控制问题.这可以将非完整系统的稳定性问题转化为完整系统的稳定性,该方法不受Brockett引理必要条件的约束,为机器人在水下三维空间的路径点跟踪控制提供了一种新方法[182].为了克服控制器的奇异性,本章分两个阶段设计控制器,该控制器能够实现多个机器人在水下三维空间的聚集运动目标.

5.2 问题描述

5.2.1 水下三维空间中机器人的模型研究

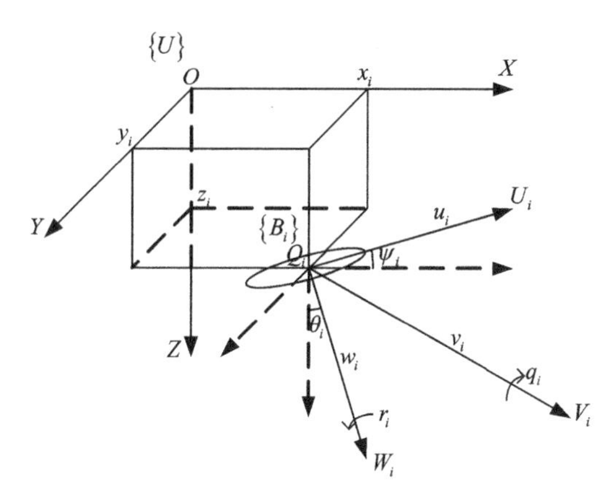

图5.1 第i个机器人的惯性坐标系和载体坐标系

在本段中,将给出水下三维空间中第i个机器人的运动学模型, $i=1,2,\cdots,n$. 不失一般性,机器人的外形设计简图如图5.1所示,即机器人躯干为旋转柱面结构,旋转轴方向即为径向方向, 因此可以忽略横滚运动的影响. 对于一组n个机器人来说,其运动学模型如下所示[182]:

$$
\begin{aligned}
\dot{x}_i &= u_i\cos\psi_i\cos\theta_i - v_i\sin\psi_i + w_i\cos\psi_i\sin\theta_i \\
\dot{y}_i &= -u_i\sin\psi_i\cos\theta_i + v_i\cos\psi_i + w_i\sin\psi_i\sin\theta_i \\
\dot{z}_i &= -u_i\sin\theta_i + w_i\cos\theta_i \\
\dot{\theta}_i &= q_i \\
\dot{\psi}_i &= \frac{r_i}{\cos\theta_i}
\end{aligned}
\tag{5-1}
$$

令$\{U\}: O-XYZ$代表所有机器人所在的惯性坐标系,即地球坐标系. 令$\{B_i\}: Q_i - U_iV_iW_i$代表基于第i个机器人的载体坐标系, Q_i为第i个机器人的重心,并且Q_i也为载体坐标系$\{B_i\}$的坐标原点; $[x_i, y_i, z_i]^{\mathrm{T}} = \boldsymbol{\eta}_i$为重心$Q_i$在惯性坐标系$\{U\}$下的位置向量; $[\theta_i, \psi_i]^{\mathrm{T}}$为重心$Q_i$在惯性坐标系$\{U\}$下的方向角度向量; $[u_i, v_i, w_i]^{\mathrm{T}}$为机器人在载体坐标系$\{B_i\}$中的线速度向量; $[q_i, r_i]^{\mathrm{T}}$为机器人

在载体坐标系$\{B_i\}$中的旋转角速度向量；q_i代表纵倾角速度；r_i代表首摇角速度.

在欠驱动状态下,第i个机器人的动力学系统可以表述为以下形式[182]：

$$
\begin{aligned}
&m_{11i}\dot{u}_i = m_{22i}v_ir_i - m_{33i}w_iq_i - d_{11i}u_i + F_{xi}\\
&m_{22i}\dot{v}_i = -m_{11i}u_ir_i - d_{22i}v_i\\
&m_{33i}\dot{w}_i = m_{11i}u_iq_i - d_{33i}w_i\\
&m_{55i}\dot{q}_i = \left(m_{33i} - m_{11i}\right)u_iw_i - d_{55i}q_i - \rho g\nabla \overline{GM}_{L_i}\sin\theta_i + T_{yi}\\
&m_{66i}\dot{r}_i = \left(m_{11i} - m_{22i}\right)u_iv_i - d_{66i}r_i + T_{zi}
\end{aligned}
\tag{5-2}
$$

其中，$m_{11i} = m_i - X_{\dot{u}i}$, $m_{22i} = m_i - Y_{\dot{v}i}$, $m_{33i} = m_i - Z_{\dot{w}i}$, $m_{55i} = I_{Yi} - M_{\dot{q}i}$, $m_{66i} = I_{zi} - N_{\dot{r}i}$, $d_{11i} = -X_{ui}$, $d_{22i} = -Y_{vi}$, $d_{33i} = -Z_{wi}$, $d_{55i} = -M_{qi}$, $d_{66i} = -N_{ri}$. m_i代表第i个机器人的质量,符号m_i的单位是千克(kg). $X_{\dot{u}i}$,$Y_{\dot{v}i}$和$Z_{\dot{w}i}$分别为径向方向、横向方向、下潜方向的附加质量，符号$X_{\dot{u}i}$,$Y_{\dot{v}i}$和$Z_{\dot{w}i}$的单位均为千克(kg). 附加质量是由于周围流体的惯性而产生的压力感应力,与刚体的加速度成正比[244]. I_{Yi}和I_{zi}分别是俯仰和偏航的惯性力矩，符号I_{Yi}和I_{zi}的单位是千克平方米(kg·m²). $M_{\dot{q}i}$和$N_{\dot{r}i}$分别是俯仰和偏航方向的相关质量，符号$M_{\dot{q}i}$和$N_{\dot{r}i}$的单位是千克平方米(kg·m²). X_{ui},Y_{vi}和Z_{wi}分别为径向、横移和垂直方向的水动力系数，符号X_{ui},Y_{vi}和Z_{wi}的单位均为千克每秒(kg/s). M_{qi}和N_{ri}分别是俯仰和偏航方向的水动力系数，符号M_{qi}和N_{ri}的单位是千克米每秒(kg·m/s). F_{xi}是x方向的驱动力,即径向驱动力. T_{yi}为y方向的控制力矩,即纵倾角转动力矩. T_{zi}为z方向的控制力矩,即首摇角转动力矩. ρ为海水密度，g为重力加速度，∇为海水体积，$\overline{GM}_{L_i}$代表纵向稳心高度.

注5.1 在实际操作过程中,机器人所配置的执行器和推进器的响应速度比机器人的运动速度要快得多. 因此,本文合理地忽略了执行器和推进器的动力学系统反应过程.

5.2.2 基于经验概率的聚集问题研究

在水下三维空间研究聚集问题时,要求多个机器人运动到聚集地点并保持原地不动,聚集任务不需要多个机器人同时聚集在同一地点. 每隔固定时间间隔,多个机器人之间进行一次通信连接. 机器人的控制输入将根据可用的更新迭代信息进行重新调整.

本段中,考虑设计控制器将要用到的相关专业知识,我们简要介绍一下图论的基本概念及重要结论.用符号$G(\upsilon, \lambda)$来表示一个网络的互联拓扑,其中,υ代表由n个节点所构成的集合,λ代表连接节点的边所构成的集合.进一步,用符号$\aleph_i = \left\{ j \in \upsilon \middle| (i,j) \in \lambda \right\}$代表与第$i$个机器人有通信连接的所有节点所构成的集合,$\aleph_i$与机器人的具体位置和通信的连通性有关.通信拓扑图的邻接矩阵记为$A = \left[a_{ij} \right] \in \mathbf{R}^{n \times n}$,邻接矩阵是一个方阵,其行和列分别代表节点编号.在邻接矩阵中,如果$j \in \aleph_i$,则$a_{ij} = 1$;否则,$a_{ij} = 0$,即$\begin{cases} a_{ij} = 1, \ (i,j) \in \lambda, \\ a_{ij} = 0, \ (i,j) \in \lambda. \end{cases}$通信拓扑图的拉普拉斯矩阵记为$L = \left[l_{ij} \right] \in \mathbf{R}^{n \times n}$,其中$l_{ij} = \begin{cases} \sum\limits_{j=1, j \neq i}^{n} a_{ij}, i = j, \\ -a_{ij}, \qquad i \neq j. \end{cases}$

用符号$\gamma\left(\upsilon, \left(U_i, i \in \upsilon\right)\right), \left(J_i, i \in \upsilon\right)$代表一个博弈模型,其中$U_i = \left\{ \mu_i \in \mathbf{R}^{3 \times 1} \right\}$代表第$i$个机器人的策略集合,且$\mu_i \in \mathbf{R}^{3 \times 1}$. $U = \bigcup\limits_{i \in \upsilon} U_i$表示由所有$U_i$所构成的策略域.策略域$U$中的元素可以写为$\mu = \left(\mu_i, \mu_{-i}\right)$,其中,$\mu_{-i}$代表除第$i$个机器人以外的其他机器人的策略.第$i$个机器人的成本函数用$J_i\left(\mu_i, \mu_{-i}\right)$表示,成本函数的取值既受第$i$个机器人的策略影响,同时也受其他机器人策略的影响.

本章我们将介绍虚拟博弈算法原理,基于该原理设计分布式优化算法.在这里,我们借鉴了静态博弈的思想.下面以两个机器人为例来简要介绍一下静态博弈:

$$\begin{array}{ccc} & \mu_2^1 & \mu_2^2 \\ \mu_1^1 & \left(b_{11}, c_{11}\right) & \left(b_{12}, c_{12}\right) \\ \mu_1^2 & \left(b_{21}, c_{21}\right) & \left(b_{22}, c_{22}\right) \end{array} \tag{5-3}$$

其中,$b_{ij}(i=1,2;j=1,2)$代表第一个机器人基于策略集$\left\{\mu_1^i, \mu_2^j\right\}$所计算的代价值;$c_{ij}\ (i=1,2;j=1,2)$代表第二个机器人基于策略集$\left\{\mu_1^i, \mu_2^j\right\}$所计算的代价值.机器人选择相应的策略是基于其受对手影响而累积的经验概率来决定的.虚拟博弈算法的初始经验概率可以按照以下形式来选择:

$$\begin{cases} e_1^2(0) = (\omega_1^2, \omega_2^2) \\ e_2^1(0) = (\omega_1^1, \omega_2^1) \end{cases} \tag{5-4}$$

其中,e_1^2代表第一个机器人的经验概率,其对手是第二个机器人;e_2^1代表第二个机器人的经验概率,其对手是第一个机器人;$\omega_j^i(i=1,2;j=1,2)$表示第j个机器人的第i个策略的期望权重.对于第一个机器人来说,基于经验概率,每一个策略的代价函数可以设计如下:

$$\begin{cases} J_1\left(\mu_1^1 \middle| e_1^2\right) = \dfrac{\omega_1^2 b_{11} + \omega_2^2 b_{12}}{\omega_1^2 + \omega_2^2} \\ J_1\left(\mu_1^2 \middle| e_1^2\right) = \dfrac{\omega_1^2 b_{21} + \omega_2^2 b_{22}}{\omega_1^2 + \omega_2^2} \end{cases} \tag{5-5}$$

对于两个机器人来说,选择策略的原则是使代价函数最小化.根据对手在上一场博弈中的策略,两个机器人都将为下一场博弈重新调整其经验概率值.

5.2.3 势博弈理论简介

在这一部分中,引入势博弈概念来帮助我们设计收敛的控制算法.

定义 5.1[243] 一个博弈$\gamma\left(\upsilon, \left(U_i, i \in \upsilon\right), \left(J_i, i \in \upsilon\right)\right)$称为势博弈,存在一个全局函数$\Phi\left(\mu_i, \mu_{-i}\right)$,使得

$$J_i\left(\mu_i, \mu_{-i}\right) - J_i\left(\hat{\mu}_i, \mu_{-i}\right) = \Phi\left(\mu_i, \mu_{-i}\right) - \Phi\left(\hat{\mu}_i, \mu_{-i}\right) \tag{5-6}$$

其中,$\forall i \in \upsilon, \mu_i, \hat{\mu}_i \in U_i, \hat{\mu}_{-i} \in U_{-i}$. μ_i和$\hat{\mu}_i$分别为第i个机器人的两个不同的策略.

势博弈理论框架的构建有助于研究多机器人的协调控制问题,在势博弈系统中一定存在纳什均衡.在势博弈系统中,每个局部代价函数的纳什均衡与全局目标一致[243],势博弈理论为分布式协调控制提供了理论支持.势博弈理论的应用可参考文献[245—249],其中,势博弈是基于全局目标推导的.

5.3 分布式控制器设计与稳定性分析

在实际应用中,应考虑多个机器人的集合控制问题.对于集合任务而言,根据通信拓扑结构图,多个机器人需要运动到同一个设定点.在本段中,我们假设位置感应有向图有一棵生成树[250],多机器人的集合控制问题将通过分布式优

化算法得到解决.

5.3.1 分布式优化算法

不失一般性,多个机器人的初始状态彼此不同.每个机器人的状态集是连续的、凸的且有界的.多个机器人之间的通信拓扑结构不具有完备性.对于水下三维空间的一致性问题,即集合问题,全局代价函数定义如下:

$$J_g\left(\eta_1, \eta_2, \cdots, \eta_n\right) = \sum_{i \neq j} a_{ij}\left[\left(x_i - x_j\right)^2 + \left(y_i - y_j\right)^2 + \left(z_i - z_j\right)^2\right] \tag{5-7}$$

其中,$J_g\left(\eta_1, \eta_2, \cdots, \eta_n\right)$代表全局代价函数,$i,j \in v, a_{ij} \geqslant 0, \eta_i = \left[x_i, y_i, z_i\right]^{\mathrm{T}}$.基于代价函数的结构分析,当$\eta_i = \eta_j, \forall i,j \in v$时,系统达到唯一的平衡状态[243].

基于上述分析,局部代价函数可定义如下:

$$J_i\left(\eta_i, \eta_{-i}\right) = \sum_{j \in \aleph_i} a_{ij}\left[\left(x_i - x_j\right)^2 + \left(y_i - y_j\right)^2 + \left(z_i - z_j\right)^2\right] \tag{5-8}$$

根据上述局部代价函数所提出的博弈是有界势博弈[251],选择方程(5-7)作为势博弈的全局代价函数.基于势博弈的重要理论结果,该博弈存在一个纳什均衡.根据全局目标函数(5-7)和局部代价函数(5-8),平衡点是一致的[251].

多机器人之间的信息交换仅能在机器人和它的邻居之间进行.令$e_i = \left\{e_i^1, e_i^2, \cdots, e_i^n\right\}$代表第$i$个机器人的局部经验概率集合,其中$e_i^j$代表第$i$个机器人的经验概率,其对手为第$j$个机器人.例如:$e_i^j = \left(e_{ix}^j, e_{iy}^j, e_{iz}^j\right)$,其中$e_{ix}^j$,$e_{iy}^j$,和$e_{iz}^j$可以分别用函数$f_{ix}\left(\eta_j\right)$,$f_{iy}\left(\eta_j\right)$和$f_{iz}\left(\eta_j\right)$来计算.并且假设这些函数符合联合高斯分布,即$f_{ix}\left(\eta_j\right) \sim N\left(d_{ix,j}, \sigma_{ix,j}^2\right)$,$f_{iy}\left(\eta_j\right) \sim N\left(d_{iy,j}, \sigma_{iy,j}^2\right)$,$f_{iz}\left(\eta_j\right) \sim N\left(d_{iz,j}, \sigma_{iz,j}^2\right)$.对于第$i$个机器人,假设其对手是第$j$个机器人,在$x$方向上,$d_{ix,j}$和$\sigma_{ix,j}^2$分别为变量$x_i$的均值和方差,$e_{ix}^j$为变量$x_i$的概率分布函数;在$y$方向上,$d_{iy,j}$和$\sigma_{iy,j}^2$分别为变量$y_i$的均值和方差,$e_{iy}^j$为变量$y_i$的概率分布函数;在$z$方向上,$d_{iz,j}$和$\sigma_{iz,j}^2$分别为变量$z_i$的均值和方差,$e_{iz}^j$为变量$z_i$的概率分布函数.

在$t+1$时刻,第i个机器人的第j个策略可以设计为$\mu_j(k+1) = f\left(d_j(k+1), \sigma_j^2(k+1)\right)$,经验概率$e_i^j(k)$的迭代更新算法为

$$e_i^j(k+1) = \frac{1}{2}\left(e_i^j(k) + \mu_j(k+1)\right) \sim N\left(d_{i,j}(k+1), \sigma_{i,j}^2(k+1)\right) \tag{5-9}$$

其中,

$$\begin{cases} d_{i,j}(k+1) = \dfrac{1}{2}\left(d_{i,j}(k) + d_j(k+1)\right) \\ \sigma_{i,j}^2(k+1) = \dfrac{1}{4}\left(\sigma_{i,j}^2(k) + \sigma_j^2(k+1)\right) \end{cases}$$

经验概率$e_i^j(k)$的分布函数表示为$f_i\left(\mu_j(k)\right)$. 公式(5-9)是基于博弈论的算法模型,因此它是“基于博弈论的模型”.

基于对局部经验概率的说明,策略$\eta_i = \left[x_i, y_i, z_i\right]^{\mathrm{T}} \in U_i$的代价函数定义如下:

$$\begin{aligned} & J_i\left(\eta_i \middle| e_i\right) \\ & = \int \cdots \int \sum_{j \in \aleph_i} a_{ij}\left(x_i - x_j\right)^2 f_{ix}\left(\eta_1\right) \cdots f_{ix}\left(\eta_{i-1}\right) f_{ix}\left(\eta_{i+1}\right) \cdots f_{ix}\left(\eta_n\right) \mathrm{d}x_1 \cdots \\ & \mathrm{d}x_{i-1}\mathrm{d}x_{i+1}\cdots\mathrm{d}x_n + \int \cdots \int \sum_{j \in \aleph_i} a_{ij}\left(y_i - y_j\right)^2 f_{iy}\left(\eta_1\right) \cdots f_{iy}\left(\eta_{i-1}\right) f_{iy}\left(\eta_{i+1}\right) \cdots f_{iy}\left(\eta_n\right) \\ & \mathrm{d}y_1\cdots\mathrm{d}y_{i-1}\mathrm{d}y_{i+1}\cdots\mathrm{d}y_n + \int \cdots \int \sum_{j \in \aleph_i} a_{ij}\left(z_i - z_j\right)^2 f_{iz}\left(\eta_1\right) \cdots f_{iz}\left(\eta_{i-1}\right) f_{iz}\left(\eta_{i+1}\right) \cdots f_{iz}\left(\eta_n\right) \\ & \mathrm{d}z_1\cdots\mathrm{d}z_{i-1}\mathrm{d}z_{i+1}\cdots\mathrm{d}z_n \\ & = \sum_{j \in \aleph_i}\left[\int a_{ij}\left(x_i - x_j\right)^2 f_{ix}\left(\eta_j\right)\mathrm{d}x_j + \int a_{ij}\left(y_i - y_j\right)^2 f_{iy}\left(\eta_j\right)\mathrm{d}y_j + \int a_{ij}\left(z_i - z_j\right)^2 f_{iz}\left(\eta_j\right)\mathrm{d}z_j\right] \\ & = \sum_{j \in \aleph_i} a_{ij}\left[d_{ix,j}^2 + \sigma_{ix,j}^2 - 2d_{ix,j}x_i + d_{iy,j}^2 + \sigma_{iy,j}^2 - 2d_{iy,j}y_i + y_i^2 + d_{iz,j}^2 + \sigma_{iz,j}^2 - 2d_{iz,j}z_i + z_i^2\right] \end{aligned} \tag{5-10}$$

为了结构简洁,式(5-10)中忽略了时间参数k.

由于局部代价函数是凸的,因此对于第i个机器人来说存在一个最优策略. 根据第i个机器人的经验概率,可以从下式计算推出最优策略$\eta_i^* = \left[x_i^*, y_i^*, z_i^*\right]^{\mathrm{T}}$.

$$\frac{\partial J_i\left(\eta_i \middle| e_i\right)}{\partial x_i} = \sum_{j \in \aleph_i} 2a_{ij}\left(x_i - d_{ix,j}\right) = 0 \tag{5-11}$$

同样的,

$$\frac{\partial J_i\left(\eta_i \middle| e_i\right)}{\partial y_i} = \sum_{j \in \aleph_i} 2a_{ij}\left(y_i - d_{iy,j}\right) = 0 \tag{5-12}$$

$$\frac{\partial J_i\left(\eta_i \middle| e_i\right)}{\partial z_i} = \sum_{j \in \aleph_i} 2a_{ij}\left(z_i - d_{iz,j}\right) = 0 \tag{5-13}$$

因此,

$$x_i^* = \frac{\sum_{j \in \aleph_i} a_{ij} d_{ix,j}}{\sum_{j \in \aleph_i} a_{ij}} \tag{5-14}$$

$$y_i^* = \frac{\sum_{j \in \aleph_i} a_{ij} d_{iy,j}}{\sum_{j \in \aleph_i} a_{ij}} \tag{5-15}$$

$$z_i^* = \frac{\sum_{j \in \aleph_i} a_{ij} d_{iz,j}}{\sum_{j \in \aleph_i} a_{ij}} \tag{5-16}$$

由公式(5-14)~(5-16)可见，最优策略是第i个机器人的经验概率的加权平均值.

此外，当权重a_{ij}之和等于1时，第i个机器人的经验概率的记忆步长也为1，即　$f_{ix}\left(\eta_j(k)\right) = f\left(x_j(k), \sigma_{ix,y}^2(k)\right)$，　$f_{iy}\left(\eta_j(k)\right) = f\left(y_j(k), \sigma_{iy,y}^2(k)\right)$，　$f_{iz}\left(\eta_j(k)\right) = f\left(z_j(k), \sigma_{iz,y}^2(k)\right)$，则

$$\begin{cases} x_i(k+1) = \sum_{j \in \aleph_i} a_{ij} x_j(k) \\ y_i(k+1) = \sum_{j \in \aleph_i} a_{ij} y_j(k) \\ z_i(k+1) = \sum_{j \in \aleph_i} a_{ij} z_j(k) \end{cases} \tag{5-17}$$

引理 5.1[251]　每个有界的势博弈都具有近似有限改进的性质.

引理5.1意味着使用经验概率e_i^j可以更快地实现全局代价函数(5-7)的最小化进程.

定义 5.2[243]　序列$\{\zeta(t)\}$收敛于$\bar{\zeta}$，当且仅当存在一个$T > 0$，对一切$t \geqslant T$都有$\zeta(t) = \bar{\zeta}$.

定理 5.1　考虑在系统(5-7)中提出的一致性问题，在有限迭代步骤中，由(5-17)导出的算法可以使机器人的运动收敛到如下的一致状态：

$$\eta_i^* = \left\{[x_i^*, y_i^*, z_i^*]^{\mathrm{T}}, i \in v\right\}: x_1^* = x_2^* = \cdots = x_n^*, y_1^* = y_2^* = \cdots = y_n^*, z_1^* = z_2^* = \cdots = z_n^* \tag{5-18}$$

证明：由引理5.1可知，使用所提出的分布式优化算法，问题将以有限的迭代步骤收敛. 假设算法将收敛到某一状态η，且$\eta \neq \eta^*$，其中η^*是(5-18)中详述

的平衡状态.在本章中,网络通信拓扑是分布式的和连通的,因此一定存在 $j \in \aleph_i$,使得

$$\eta_i \neq \eta_j, \eta_i \in \bar{\zeta} \text{并且} \eta_j \in \bar{\zeta} \tag{5-19}$$

其中,$\bar{\zeta}$表示收敛状态,根据经验概率更新方法(5-9)和定义5.2,第i个机器人和第j个机器人的经验概率分别为

$$\lim_{k \to \infty} e_i^j(k) = f\left(\eta_j, \sigma_j^2\right) \tag{5-20}$$

$$\lim_{k \to \infty} e_j^i(k) = f\left(\eta_i, \sigma_i^2\right) \tag{5-21}$$

因此,根据式(5-14)~(5-16),更新迭代过程为

$$\begin{cases} \eta_i' = \eta_j \\ \eta_j' = \eta_i \end{cases} \tag{5-22}$$

由于$\eta_i \neq \eta_j$,更新状态$\zeta' = \{\eta_1', \eta_2', \cdots, \eta_n'\}$不等于$\bar{\zeta}$,根据定义5.2中的收敛性概念,假设是不成立的.因此,如果算法收敛,它将收敛到(5-18)中的一致性状态.定理5.1证明完毕

5.3.2 多机器人聚集运动控制器设计

本段将基于博弈论推导出的分布式控制算法(5-17),进一步设计机器人的控制力和力矩,以实现多个机器人在三维水下空间的聚集运动控制.

假设多个机器人在水下三维空间中的初始位置是任意的,多个机器人之间的通信连接是非定向的和分布式的,第i个机器人仅与其邻居第j个机器人进行信息交换,$j \in \aleph_i$.根据视线角导航原理[252-253],如图5.2所示,定义$E_i(k)$,$\theta_{id}(k)$和$\psi_{id}(k)$如下:

$$E_i(k) = \sqrt{\left(x_i(k) - x_i(k+1)\right)^2 + \left(y_i(k) - y_i(k+1)\right)^2 + \left(z_i(k) - z_i(k+1)\right)^2} \tag{5-23}$$

$$\theta_{id}(k) = \arctan\left(\left(z_i(k) - z_i(k+1)\right) / \sqrt{\left(x_i(k) - x_i(k+1)\right)^2 + \left(y_i(k) - y_i(k+1)\right)^2}\right) \tag{5-24}$$

$$\psi_{id}(k) = \arctan\left(\left(y_i(k) - y_i(k+1)\right) / \left(x_i(k) - x_i(k+1)\right)\right) \tag{5-25}$$

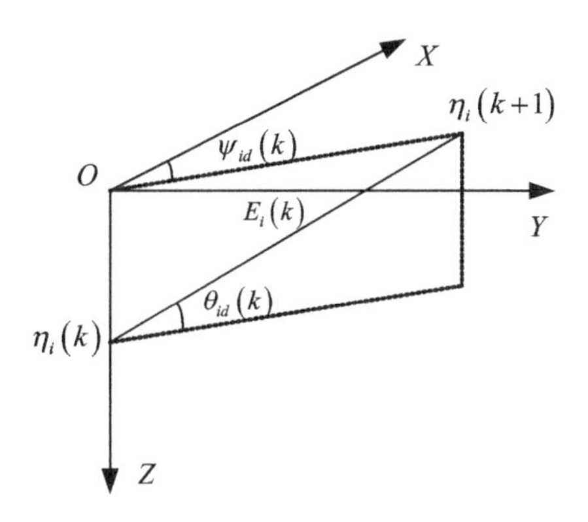

图5.2 视线角$\theta_{id}(k)$和$\psi_{id}(k)$

其中，$x_i(k+1)$，$y_i(k+1)$和$z_i(k+1)$由(5-17)式计算得出．由图5.2可见，

$$x_i(k)-x_i(k+1)=-E_i(k)\cos\theta_{id}(k)\cos\psi_{id}(k) \tag{5-26}$$

$$y_i(k)-y_i(k+1)=-E_i(k)\cos\theta_{id}(k)\cos\psi_{id}(k) \tag{5-27}$$

$$z_i(k)-z_i(k+1)=E_i(k)\sin\theta_{id}(k) \tag{5-28}$$

定义以下的新变量：

$$\theta_{ie}(k)=\theta_i(k)-\theta_{id}(k),u_{ie}(k)=u_i(k)-u_{id}(k),\psi_{ie}(k)=\psi_i(k)-\psi_{id}(k) \tag{5-29}$$

变量$E_i(k)$的瞬时变化率为

$$\begin{aligned}\dot{E}_i(k)=&\frac{1}{E_i(k)}\Big[-E_i(k)\cos\theta_{id}(k)\cos\psi_{id}(k)\dot{x}_i(k)-\\&E_i(k)\cos\theta_{id}(k)\sin\psi_{id}(k)\dot{y}_i(k)+E_i(k)\sin\theta_{id}(k)\dot{z}_i(k)\Big]\\=&-u_{id}(k)+\big[-\cos\psi_{id}(k)\cos\theta_{id}(k)\cos\theta_{id}(k)-\sin\theta_i(k)\sin\theta_{id}(k)\big]u_{ie}(k)+\\&\left[-\frac{\sin\theta_{ie}(k)}{\theta_{ie}(k)}w_i(k)+\frac{1-\cos\theta_{id}(k)}{\theta_{ie}(k)}\right]u_{ie}(k)+\big[\cos\theta_i(k)\cos\theta_{id}(k)u_{id}(k)+\\&\sin\theta_i(k)\cos\theta_{id}(k)w_i(k)\big]\frac{1-\cos\psi_{ie}(k)}{\psi_{ie}(k)}\psi_{ie}(k)\end{aligned} \tag{5-30}$$

控制目标：设计反馈控制器F_{xi}，T_{yi}和T_{zi}，使得

$$\lim_{k\to\infty}E_i(k)=0,\ \lim_{k\to\infty}\chi_{ie}(k)=\mathbf{0}_{3\times1},\forall i\in v \tag{5-31}$$

其中，$\chi_{ie}(k)=\big[u_{ie}(k),\theta_{ie}(k),\psi_{ie}(k)\big]^{\mathrm{T}}$，即第$i$个机器人能够精确地跟踪到路

径点位置,并最终在指定点$\boldsymbol{\eta}^*$聚集.

在这一部分中,我们将基于反步法原理来设计水下三维空间的编队控制器.首先定义如下的控制误差向量h_{i1}:

$$h_{i1} = \left[\int_{t_0}^{t} u_{ie}(s)\mathrm{d}s, \theta_{ie}, \psi_{ie}\right]^{\mathrm{T}} \tag{5-32}$$

由式(5-32)可见,向量h_{i1}的第一个分量为u_{ie}的积分,积分运算可以考虑外部环境干扰对速度误差的累积影响,从而提高了所设计控制器的鲁棒性.

非线性控制器设计过程分为两步:

第一步,定义如下的控制误差向量h_{i2}:

$$h_{i2} = \bar{v}_i - \alpha_i = \left[u_i - \alpha_{i1}, v_i - \alpha_{i2}, w_i - \alpha_{i3}, q_i - \alpha_{i4}, r_i - \alpha_{i5}\right]^{\mathrm{T}} \tag{5-33}$$

其中$\bar{v}_i = \left[u_i, v_i, w_i, q_i, r_i\right]^{\mathrm{T}} \in \mathbf{R}^{5\times 1}$, $\alpha_i = \left[\alpha_{i1}, \alpha_{i2}, \alpha_{i3}, \alpha_{i4}, \alpha_{i5}\right]^{\mathrm{T}} \in \mathbf{R}^{5\times 1}$为虚拟控制器,则$h_{i1}$的瞬时变化率可计算为

$$\dot{h}_{i1} = \begin{bmatrix} 1 & 0 & 0 \\ 0 & 1 & 0 \\ 0 & 0 & \dfrac{1}{\cos\theta_i} \end{bmatrix} \left(F_i h_{i2} + \begin{bmatrix} \alpha_{i1} \\ \alpha_{i4} \\ \alpha_{i5} \end{bmatrix} \right) - \begin{bmatrix} u_{id} \\ \dot{\theta}_{id} \\ \dot{\psi}_{id} \end{bmatrix} \tag{5-34}$$

$$F_i = \begin{bmatrix} 1 & 0 & 0 & 0 & 0 \\ 0 & 0 & 0 & 1 & 0 \\ 0 & 0 & 0 & 0 & 1 \end{bmatrix} \tag{5-35}$$

定义虚拟控制变量α_{i1},α_{i4}和α_{i5}为如下的形式:

$$\begin{bmatrix} \alpha_{i1} \\ \alpha_{i4} \\ \alpha_{i5} \end{bmatrix} = \begin{bmatrix} 1 & 0 & 0 \\ 0 & 1 & 0 \\ 0 & 0 & \cos\theta_i \end{bmatrix} \left(\begin{bmatrix} u_{id} \\ \dot{\theta}_{id} \\ \dot{\psi}_{id} \end{bmatrix} - K_i h_{i1} \right) \tag{5-36}$$

其中$K_i \in \mathbf{R}^{3\times 3}$,且$K_i = K_i^{\mathrm{T}} > 0$.则有

$$\dot{h}_{i1} = -K_i h_{i1} + \bar{F}_i\left(\bar{\eta}_i\right) h_{i2} \tag{5-37}$$

其中$\bar{\eta}_i = \left[x_i, y_i, z_i, \theta_i, \psi_i\right]^{\mathrm{T}} \in \mathbf{R}^{5\times 1}$,

$$\dot{h}_{i1} = -K_i h_{i1} + \bar{F}_i\left(\bar{\eta}_i\right) = \begin{bmatrix} 1 & 0 & 0 \\ 0 & 1 & 0 \\ 0 & 0 & \dfrac{1}{\cos\theta_i} \end{bmatrix} F_i = \begin{bmatrix} 1 & 0 & 0 & 0 & 0 \\ 0 & 0 & 0 & 1 & 0 \\ 0 & 0 & 0 & 0 & \dfrac{1}{\cos\theta_i} \end{bmatrix} \tag{5-38}$$

选择一个李雅普诺夫函数$V_1 = \frac{1}{2}\sum_{i=1}^{n} h_{i1}^{\mathrm{T}} h_{i1}$，则其导数可以计算如下：

$$\begin{aligned}\dot{V}_1 &= \sum_{i=1}^{n}\left(-h_{i1}^{\mathrm{T}}K_i h_{i1} + h_{i1}^{\mathrm{T}}\overline{F}_i\left(\overline{\eta}_i\right)h_{i2}\right)\\&= \sum_{i=1}^{n}\left(-h_{i1}^{\mathrm{T}}K_i h_{i1} + \left(u_i - \alpha_{i1}\right)\int_{t_0}^{t}u_{ie}(s)\mathrm{d}s + \left(q_i - \alpha_{i4}\right)\theta_{ie} + \left(r_i - \alpha_{i5}\right)\frac{\psi_{ie}}{\cos\theta_i}\right)\end{aligned} \tag{5-39}$$

第二步，考虑第i个机器人的动力学系统，我们可以计算h_{i2}的瞬时变化率如下：

$$\dot{h}_{i2} = \begin{bmatrix}\left(m_{22i}v_i r_i - m_{33i}w_i q_i - d_{11i}u_i + F_{xi}\right)/m_{11i} - \dot{\alpha}_{i1}\\ \left(-m_{11i}u_i r_i - d_{22i}v_i\right)/m_{22i} - \dot{\alpha}_{i2}\\ \left(m_{11i}u_i q_i - d_{33i}w_i\right)/m_{33i} - \dot{\alpha}_{i3}\\ \left(\left(m_{33i} - m_{11i}\right)u_i w_i - d_{55i}q_i - \rho g\nabla\overline{GM}_{L_i}\sin\theta_i + T_{yi}\right)/m_{55i} - \dot{\alpha}_{i4}\\ \left(\left(m_{11i} - m_{22i}\right)u_i v_i - d_{66i}r_i + T_{zi}\right)/m_{66i} - \dot{\alpha}_{i5}\end{bmatrix} \tag{5-40}$$

定义

$$\boldsymbol{M}_i = \begin{bmatrix} m_{11i} & 0 & 0 & 0 & 0\\ 0 & m_{22i} & 0 & 0 & 0\\ 0 & 0 & m_{33i} & 0 & 0\\ 0 & 0 & 0 & m_{55i} & 0\\ 0 & 0 & 0 & 0 & m_{66i}\end{bmatrix} \tag{5-41}$$

则

$$\begin{aligned}h_{i2}^{\mathrm{T}}\boldsymbol{M}_i h_{i2} = &\left(u_i - \alpha_{i1}\right)\left(m_{22i}v_i r_i - m_{33i}w_i q_i - d_{11i}u_i + F_{xi} - m_{11i}\dot{\alpha}_{i1}\right) +\\&\left(v_i - \alpha_{i2}\right)\left(-m_{11i}u_i r_i - d_{22i}v_i - m_{22i}\dot{\alpha}_{i2}\right) +\\&\left(w_i - \alpha_{i3}\right)\left(m_{11i}u_i q_i - d_{33i}w_i - m_{33i}\dot{\alpha}_{i3}\right) +\\&\left(q_i - \alpha_{i4}\right)\left[\left(m_{33i} - m_{11i}\right)u_i w_i - d_{55i}q_i - \rho g\nabla\overline{GM}_{L_i}\sin\theta_i +\right.\\&\left.T_{yi} - m_{55i}\dot{\alpha}_{i4}\right] + \left(r_i - \alpha_{i5}\right)\left[\left(m_{11i} - m_{22i}\right)u_i v_i - d_{66i}r_i +\right.\\&\left.T_{zi} - m_{66i}\dot{\alpha}_{i5}\right]\end{aligned} \tag{5-42}$$

选择一个李雅普诺夫函数V_2具有如下的形式：

$$V_2 = V_1 + \sum_{i=1}^{n}\left(\frac{1}{2}h_{i2}^{\mathrm{T}}\boldsymbol{M}_i h_{i2}\right) \tag{5-43}$$

则函数V_2的瞬时变化率可以计算为

$$\begin{aligned}\dot{V}_2 &= \dot{V}_1 + \sum_{i=1}^{n}\left(\frac{1}{2}h_{i2}^{\mathrm{T}}M_i\dot{h}_{i2}\right)\\ &= \sum_{i=1}^{n}\Big\{\left(-h_{i2}^{\mathrm{T}}K_ih_{i1} + \left(u_i - \alpha_i\right)\right)\int_{t_0}^{t}u_{ie}(s)\mathrm{d}s + \left(q_i - \alpha_{i4}\right)\theta_{ie} + \left(r_i - \alpha_{i5}\right)\times\\ &\quad\frac{\psi_{ie}}{\cos\theta_i} + \left(u_i - \alpha_{i1}\right)\left(m_{22i}v_ir_i - m_{33i}w_iq_i - d_{11i}u_i + F_{xi} - m_{11i}\dot{\alpha}_{i1}\right) +\\ &\quad\left(v_i - \alpha_{i2}\right)\left(-m_{11i}u_ir_i - d_{22i}v_i - m_{22i}\dot{\alpha}_{i2}\right) + \left(w_i - \alpha_{i3}\right)\left(m_{11i}u_iq_i -\right.\\ &\quad\left.d_{33i}w_i - m_{33i}\dot{\alpha}_{i3}\right) + \left(q_i - \alpha_{i4}\right)\Big[\left(m_{33i} - m_{11i}\right)u_iw_i - d_{55i}q_i -\\ &\quad\rho g\nabla\overline{GM}_{L_i}\sin\theta_i + T_{yi} - m_{55i}\dot{\alpha}_{i4}\Big] + \left(r_i - \alpha_{i5}\right)\Big[\left(m_{11i} - m_{22i}\right)u_iv_i -\\ &\quad d_{66i}r_i + T_{zi} - m_{66i}\dot{\alpha}_{i5}\Big]\Big\}\end{aligned} \tag{5-44}$$

根据反步法原理,设计第i个机器人的控制器结构如下:

$$r_i = \left[-k_{1i}\left(v_i - \alpha_{i2}\right) + d_{22i}v_i + m_{22i}\dot{\alpha}_{i2}\right]/\left(-m_{11i}u_i\right) \tag{5-45}$$

$$q_i = \left[-k_{2i}\left(w_i - \alpha_{i3}\right) + d_{33i}w_i + m_{33i}\dot{\alpha}_{i3}\right]/\left(m_{11i}u_i\right) \tag{5-46}$$

$$F_{xi} = -k_{3i}\left(u_i - \alpha_{i1}\right) - m_{22i}v_ir_i + m_{33i}w_iq_i + d_{11i}u_i + m_{11i}\dot{\alpha}_{i1} - \int_{t}^{t+1}u_{ie}(s)\mathrm{d}s \tag{5-47}$$

$$T_{yi} = -k_{4i}\left(q_i - \alpha_{i4}\right) - \left(m_{33i} - m_{11i}\right)u_iw_i + d_{55i}q_i + \rho g\nabla\overline{GM}_{L_i}\sin\theta_i + m_{55i}\dot{\alpha}_{i4} - \theta_{ie} \tag{5-48}$$

$$T_{zi} = -k_{5i}\left(r_i - \alpha_{i5}\right) - \left(m_{11i} - m_{22i}\right)u_iw_i + d_{66i}r_i + m_{66i}\dot{\alpha}_{i5} - \frac{\psi_{ie}}{\cos\theta_i} \tag{5-49}$$

其中,$k_{1i} > 0, k_{2i} > 0, k_{3i} > 0, k_{4i} > 0, k_{5i} > 0$. 为了保证控制器(5-45)和(5-46)的有效性,则要满足条件$u_i \neq 0$. 以下假设全章适用.

假设5.1[250] 对于第i个机器人,径向速度的导数存在,并且在$[0, \infty)$上有界. 径向速度u_i的上界和下界分别用符号$\overline{u}_i$和$\underline{u}_i$来表示,对任意的$t \geqslant 0$,满足条件$\overline{u}_i > 0, \underline{u}_i > 0$,并且$\underline{u}_i \leqslant u_i(t) \leqslant \overline{u}_i$.

对于任意给定的参数b_{i1},其满足条件$0 < b_{i1} < \underline{u}_i$,对于第$i$个机器人我们可以设计控制律满足如下条件:

$$\left|u_{ie}\right| \leqslant \underline{u}_i - b_{i1} \leqslant u_i - b_{i1} \tag{5-50}$$

基于式(5-50)，一定可以得到条件$u_i = \left|u_{ie}\right| + b_{i1} \geqslant b_{i1} > 0$，因而$u_i \neq 0$. 在此条件下，可以避免控制系统的奇异性问题.

在实际应用中，通常要求每个机器人的径向速度都小于期望值. 对于满足条件$b_{i2} > \bar{u}_i$的任何给定值b_{i2}，我们也可以设计第i个机器人的控制律，以满足如下条件：

$$\left|u_{ie}\right| \leqslant b_{i2} - \bar{u}_i \tag{5-51}$$

对于满足条件$0 < b_{i1} < \underline{u}_i < b_{i2}$的任何给定值$b_{i1}, b_{i2}, \underline{u}_i, \bar{u}_i$，我们设计如下一个新的常数：

$$b_{i3} = \min\left\{\left(\underline{u}_i - b_{i1}\right), \left(b_{i1} - \bar{u}_i\right)\right\} \tag{5-52}$$

接下来，若要条件式(5-50)和(5-51)成立，则需满足如下不等式：

$$\left|u_{ie}\right| \leqslant b_{i3} \tag{5-53}$$

基于上述分析，可以设计如下的控制律：

$$q_i = f_{\theta i}\left(\theta_i - \theta_{id}\right) + q_{id} \tag{5-54}$$

$$r_i = \left[f_{\psi i}\left(\psi_i - \psi_{id}\right) + \frac{r_{id}}{\cos\theta_{id}}\right]\cos\theta_i \tag{5-55}$$

其中，$f_{\theta i}, f_{\psi i}: \mathbf{R} \to \mathbf{R}$均为非线性函数. q_{id}和r_{id}均为期望值，并且满足$\dot{\theta}_{id} = q_{id}$和$\dot{\psi}_{id} = \dfrac{r_{id}}{\cos\theta_{id}}$.

基于控制律(5-54)～(5-55)，变量θ_{ie}和ψ_{ie}的增量比极限可以分别计算如下：

$$\dot{\theta}_{id} = f_{\theta i}\left(\theta_{ie}\right) \tag{5-56}$$

$$\dot{\psi}_{id} = f_{\psi i}\left(\psi_{ie}\right) \tag{5-57}$$

命题5.1　通过设计函数$f_{\theta i}$和$f_{\psi i}$，使得对一切$s \in \mathbf{R}^+$都有$-f_{\theta i}(s), f_{\theta i}(-s)$，$-f_{\psi i}(s)$和$f_{\psi i}(-s)$是正定的，则可以保证系统(5-56)～(5-57)的渐近稳定性.

证明：令$V_{\theta_{ie}} = \dfrac{1}{2}\theta_{ie}^2, \dot{V}_{\theta_{ie}} = \theta_{ie}\dot{\theta}_{ie} = \theta_{ie} \cdot f_{\theta i}\left(\theta_{ie}\right)$. 当$\theta_{ie} > 0$时，$-f_{\theta i}\left(\theta_{ie}\right)$是正定的，则有$\dot{V}_{\theta_{ie}} < 0$；当$\theta_{ie} < 0$时，$f_{\theta i}\left(\theta_{ie}\right)$是正定的，从而有$\dot{V}_{\theta_{ie}} < 0$. 因此，可以证明系统(5-56)的渐近稳定性. 同样的，我们还可以证明系统(5-57)的渐近稳定性. 命题5.1

证明完毕.

此外,存在一组KL函数$\beta_{\theta_{ie}}$和$\beta_{\psi_{ie}}$,使得$\left|\theta_{ie}(t)\right| \leqslant \beta_{\theta_{ie}}\left(\theta_{ie}(0), t\right)$和$\left|\psi_{ie}(t)\right| \leqslant \beta_{\psi_{ie}}\left(\psi_{ie}(0), t\right)$成立.

根据连续函数的性质,存在$\bar{c}_{ui} > 0, \bar{c}_{vi} > 0, \bar{c}_{wi} > 0, \bar{c}_{\theta i} > 0$和$\bar{c}_{\psi i} > 0$使得对一切$u_i \in \left[\underline{u}_i, \bar{u}_i\right], v_i, w_i, \theta_i, \psi_i \in \mathbf{R}, \left|c_{ui}\right| \leqslant \bar{c}_{ui}, \left|c_{vi}\right| \leqslant \bar{c}_{vi}, \left|c_{wi}\right| \leqslant \bar{c}_{wi}, \left|c_{\theta i}\right| \leqslant \bar{c}_{\theta i}, \left|c_{\psi i}\right| \leqslant \bar{c}_{\psi i}$均有以下不等式成立:

$$\begin{aligned}&\left(u_i + c_{ui}\right)\cos\left(\psi_i + c_{\psi i}\right)\cos\left(\theta_i + c_{\theta i}\right) - \left(v_i + c_{vi}\right)\sin\left(\psi_i + c_{\psi i}\right) + \\ &\left(w_i + c_{wi}\right)\cos\left(\psi_i + c_{\psi i}\right)\sin\left(\theta_i + c_{\theta i}\right) - u_i \cos\psi_i \cos\theta_i + \\ &w_i \cos\psi_i \sin\theta_i \leqslant b_{i3}\end{aligned} \tag{5-58}$$

$$\begin{aligned}&\left(u_i + c_{ui}\right)\sin\left(\psi_i + c_{\psi i}\right)\cos\left(\theta_i + c_{\theta i}\right) + \left(v_i + c_{vi}\right)\cos\left(\psi_i + c_{\psi i}\right) + \\ &\left(w_i + c_{wi}\right)\sin\left(\psi_i + c_{\psi i}\right)\sin\left(\theta_i + c_{\theta i}\right) - u_i \sin\psi_i \cos\theta_i - \\ &v_i \cos\psi_i - w_i \sin\psi_i \sin\theta_i \leqslant b_{i3}\end{aligned} \tag{5-59}$$

$$\begin{aligned}&-\left(u_i + c_{ui}\right)\sin\left(\theta_i + c_{\theta i}\right) + \left(w_i + c_{wi}\right)\cos\left(\theta_i + c_{\theta i}\right) + u_i \sin\theta_i - \\ &w_i \cos\theta_i \leqslant b_{i3}\end{aligned} \tag{5-60}$$

基于上述提出的控制律(5-54)~(5-55),对第i个机器人来说,存在一个有限时间t_{i1},使得不等式$\left|\theta_i\left(t_{i1}\right) - \theta_{id}\left(t_{i1}\right)\right| \leqslant \bar{c}_{\theta i}$和$\left|\psi_i\left(t_{i1}\right) - \psi_{id}\left(t_{i1}\right)\right| \leqslant \bar{c}_{\psi i}$成立,从而在$t_{i1}$时刻条件(5-53)满足.

此外,如果$u_i(0) \leqslant b_{i2}$,则对于一切的$t \in \left[0, t_{i1}\right]$,由于$u_i(t) < \bar{u}_i(t) < b_{i2}$,前述所提出的控制律(5-54)~(5-55)能够保证$u_i(t) \leqslant b_{i2}$成立.

注5.2 控制器(5-54)~(5-55)与控制器(5-45)~(5-46)并不冲突矛盾,它们属于不同的控制阶段.在初始控制阶段,控制器(5-54)~(5-55)用于保证当$t = t_{i1}$时,第i个机器人的径向速度$u_i \neq 0$.同时,基于控制器(5-54)~(5-55),误差变量θ_{ie}和ψ_{ie}趋于0.当$u_i \neq 0$时,控制器(5-45)~(5-46)是有效的.第二个控制阶段是利用控制律(5-45)~(5-49)实现编队控制目标.本章中的初始控制阶段是必要的,因为如果在控制器设计的初始阶段条件(5-53)不满足,则单凭编队控制阶段不能保证$u_i \neq 0$.

5.3.3　主要结论和稳定性分析

本章的主要结论用以下的定理概括.

定理5.2　在水下三维空间中,机器人的运动学系统为模型(5-1),动力学系统为模型(5-2),网络通信拓扑$G(v, \lambda)$为无向、固定、连通的.基于学习博弈算法(5-17)建立了系统的分布式优化算法.在初始控制阶段,控制器(5-54)~(5-55)用以保证在$t = t_{i1}$时刻第i个机器人的径向速度$u_i \neq 0$.在控制过程的第二阶段,基于反步法原理设计了分布式控制律(5-45)~(5-49),其控制参数$k_{i1} > 0, k_{i2} > 0, k_{i3} > 0, k_{i4} > 0, k_{i5} > 0$.从而在假设5.1的条件下,第$i$个机器人的位置状态向量$\boldsymbol{\eta}_i = \left[x_i, y_i, z_i\right]^{\mathrm{T}}$和角度变量$\theta_i, \psi_i$将会分别渐近收敛到期望值$\boldsymbol{\eta}_i^* = \left[x_i^*, y_i^*, z_i^*\right]^T$,$\theta_{id}$和$\psi_{id}$.

证明:基于在公式(5-52)中提出的b_{i3}的定义和(5-53)中的条件信息,在t_{i1}时刻以后,我们可以得到$u_i \neq 0$的重要结论.从而当$t \geqslant t_{i1}$时,所提出的控制器(5-45)和(5-46)是有效的,即不存在奇点.根据条件$u_i(0) \leqslant b_{i2}$,我们可以直接得出结论:$u_i(t)$是有界的,且它的一个上界为b_{i2},即$u_i(t) \leqslant b_{i2}$.

基于5.3.2中所介绍的反步法原理,我们可以定义一个总的李雅普诺夫函数V_2,具体形式见公式(5-43).公式(5-44)给出了V_2的瞬时变化率计算结果.将控制律(5-45)~(5-49)代入系统(5-44)中可得:

$$\dot{V}_2 = \sum_{i=1}^{n}\Big\{-h_{i1}^{\mathrm{T}}K_i h_{i1} - k_{1i}\left(v_i - \alpha_{i2}\right)^2 - k_{2i}\left(w_i - \alpha_{i3}\right)^2 - k_{3i}\left(u_i - \alpha_{i1}\right)^2 - k_{4i}\left(q_i - \alpha_{i4}\right)^2 - k_{5i}\left(r_i - \alpha_{i5}\right)^2\Big\} \leqslant 0 \tag{5-61}$$

本章所设计的控制器能够使得跟踪误差向量$\left(h_{i1}, h_{i2}\right)$收敛到平衡点(0,0),这使得多机器人能够准确地跟踪水下三维空间的路径点.基于定理5.1,控制算法(5-17)将会驱使机器人的位置状态向量$\boldsymbol{\eta}_i = \left[x_i, y_i, z_i\right]^{\mathrm{T}}$渐近收敛到期望值$\boldsymbol{\eta}_i^* = \left[x_i^*, y_i^*, z_i^*\right]^{\mathrm{T}}$,从而使得其角度变量$\theta_i, \psi_i$也能分别渐近收敛到期望值$\theta_{id}$和$\psi_{id}$.定理5.2证明完毕.

5.4 仿真分析

为了说明本章所提出的方法适用于机器人系统，下面以五个机器人为例，即 i=1，2，3，4，5来研究其在水下三维空间中的运动情况，从而进行仿真验证，所有的仿真都是在MATLAB软件平台上进行的. 假设所有机器人均已配备了螺旋桨，以提供径向驱动力、俯仰角转动力矩和首摇角偏航力矩. 仿真选取的系统参数如表5.1所示.

表5.1　多机器人的系统参数

m_{11i}/kg	m_{22i}/kg	m_{33i}/kg	m_{55i}/kg·m^2	m_{66i}/kg·m^2
25	20	20	2.0	2.5
d_{11i}/kg·s^{-1}	d_{22i}/kg·s^{-1}	d_{33i}/kg·s^{-1}	d_{55i}/kg$\left(\text{m}\cdot\text{s}^{-1}\right)$	d_{66i}/kg$\left(\text{m}\cdot\text{s}^{-1}\right)$
7	7	6	5	5

多机器人的初始位置信息和方向角信息在表5.2中给出.

表5.2　多机器人的初始位置和方向角

UUV index i	$x_i(0)$/m	$y_i(0)$/m	$z_i(0)$/m	$\theta_i(0)$/rad	$\psi_i(0)$/rad
$i=1$	1	3	0	0	0
$i=2$	3	7	1	0	0
$i=3$	6	2	2	0	0
$i=4$	9	10	2	0	0
$i=5$	10	4	1	0	0

机器人的邻接集信息设置为：$\aleph_1=\{2,3\}$，$\aleph_2=\{1,3\}$，$\aleph_3=\{1,5\}$，$\aleph_4=\{2,5\}$，$\aleph_5=\{3,4\}$.

为了简单起见，本章不涉及多机器人的碰撞和避障问题. 选取 $\underline{u}_i=3$ m/s，$\overline{u}_i=3.5$ m/s，$u_i(0)=3$ m/s，并且满足 $\underline{u}_i\leqslant u_i\leqslant\overline{u}_i$. 设置 $b_{i1}=0.2$ 和 $b_{i2}=7.2$. 在初始阶段，分布式控制律的形式为公式(5-54)~(5-55)，其中函数 $f_{\theta i}(s)=f_{\psi i}(s)=-0.5\left(1-\exp(-0.5s)\right)/\left(1+\exp(-0.5s)\right)$. 在编队控制阶段，分布式控制律为公式

(5-45) ~ (5-49),其中 $k_{i1} = k_{i2} = k_{i3} = k_{i4} = k_{i5} = 1, u_{id} = 3\ \mathrm{m/s}, K_i = \begin{bmatrix} 2 & 0 & 0 \\ 0 & 2 & 0 \\ 0 & 0 & 1 \end{bmatrix}$.

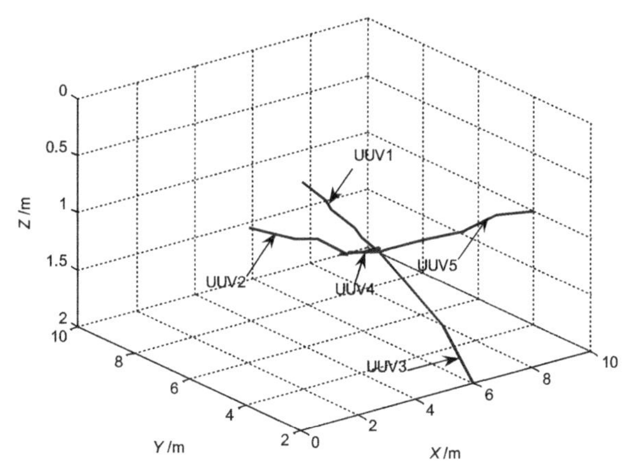

图5.3　多机器人 x-y-z 位置轨迹

从图5.3,我们可以看到五个机器人在水下三维空间的运动轨迹. 在控制力及力矩的作用下,五个机器人分别从初始位置开始运动,最终在博弈的纳什均衡点会合.

图5.4显示了相应的全局代价函数随着时间的收敛结果. 根据分布式机器人协同问题的任务需求,将全局代价函数定义为式(5-7). 本章问题的最优目标是找到一个最优会合点 $\eta_i^* = \left[x_i^*, y_i^*, z_i^*\right]^{\mathrm{T}}$, 使得其满足 $\eta_i^* = \arg\min\limits_{\eta_i \in U_i} J_g\left(\eta_1, \eta_2, \cdots, \eta_n\right), i \in v$,最优会合点的具体形式见公式(5-13) ~ (5-15).

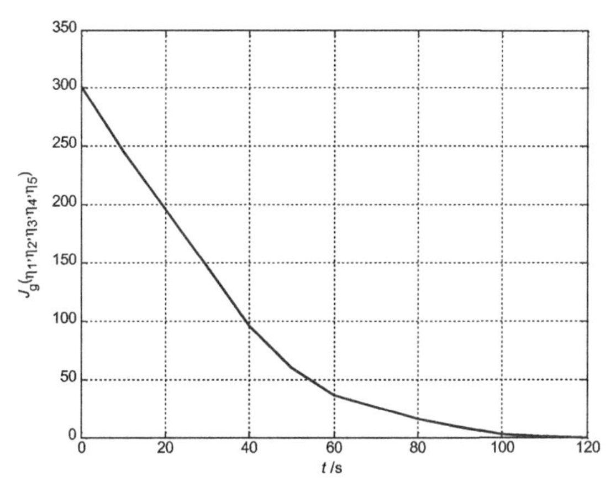

图5.4　全局代价函数

由图5.4可见，分布式优化算法(5-17)可以根据方程(5-7)中的全局目标，实现每个机器人状态$\left\{\eta_i(k), i \in v\right\}$的渐近收敛.

图5.5～图5.7给出了机器人状态x, y, z的收敛情况曲线，图5.8～图5.9给出了状态变量θ和ψ的变化曲线. 路径跟踪的优点是在下一时刻生成预期的目标路径点，目标路径点未预先存储在机器人的主控计算机导航系统中，从而减少了PC机的操作工作量，提高了导航计算速度. 视线导航是机器人实现精确路径跟踪的重要前提，本章中视线角导航系统用于将期望位置$\boldsymbol{\eta}_i(k+1)$映射到期望航向角$\theta_{id}(k), \psi_{id}(k)$和跟踪误差$E_i(k)$上.

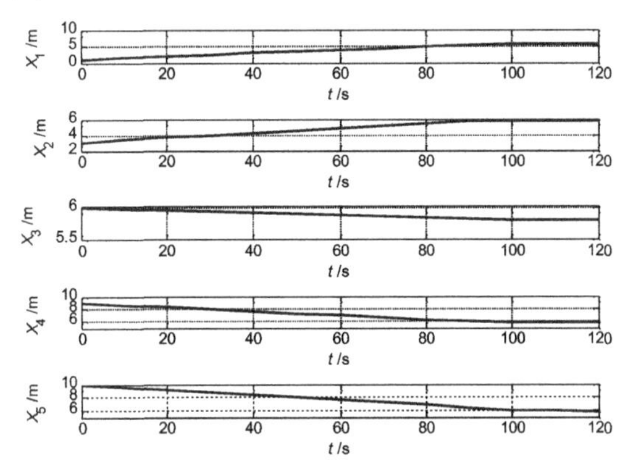

图5.5　状态x的收敛曲线

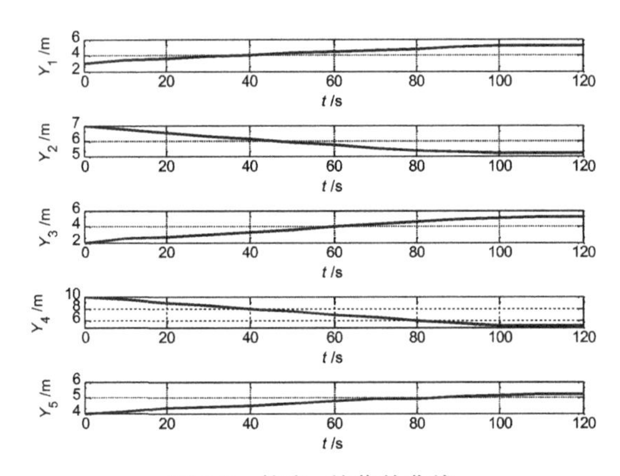

图5.6　状态y的收敛曲线

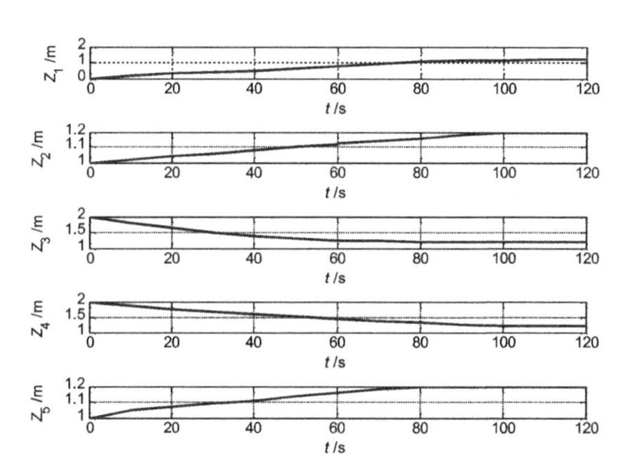

图5.7　状态z的收敛曲线

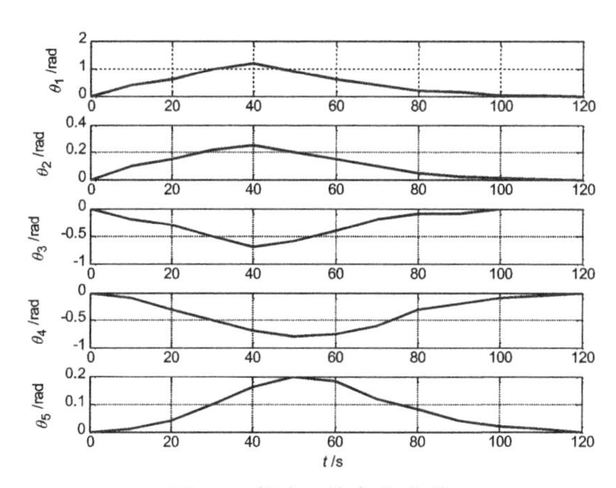

图5.8　状态θ的变化曲线

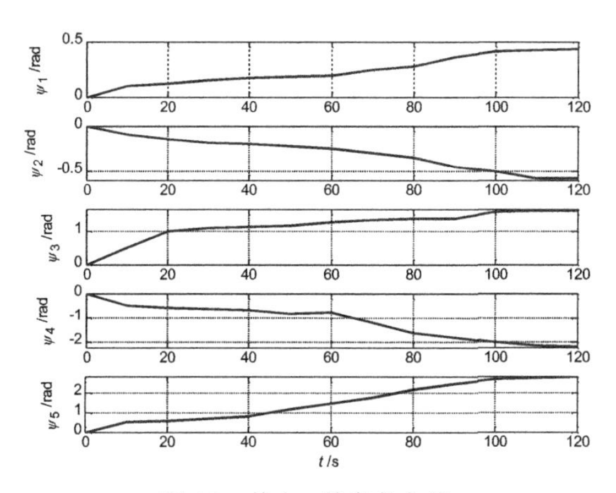

图5.9　状态ψ的变化曲线

从图5.5～图5.9可以看出,这种方法可以提高水下三维空间中的路径跟踪精度,并且能够缩短机器人的冗余轨迹.

编队控制阶段的分布式控制律形式为(5-54)～(5-55),其中$q_{id}=\theta_{id}=r_{id}=0$,$f_{\theta i}(r)=f_{\psi i}(r)=-1.5(1-e^{-0.5r})/(1+e^{-0.5r})$.分布式控制器的阶段变化如图5.10所示,“0”表示初始化阶段,“1”表示编队控制阶段.

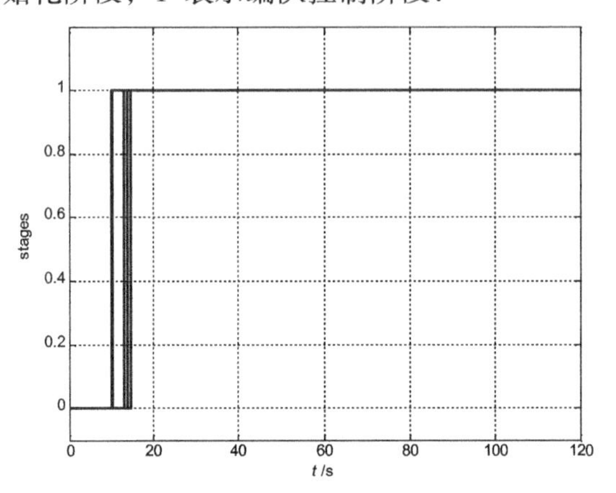

图5.10　分布式控制器的两个阶段

图5.11显示了两种不同算法下全局代价函数的比较结果.

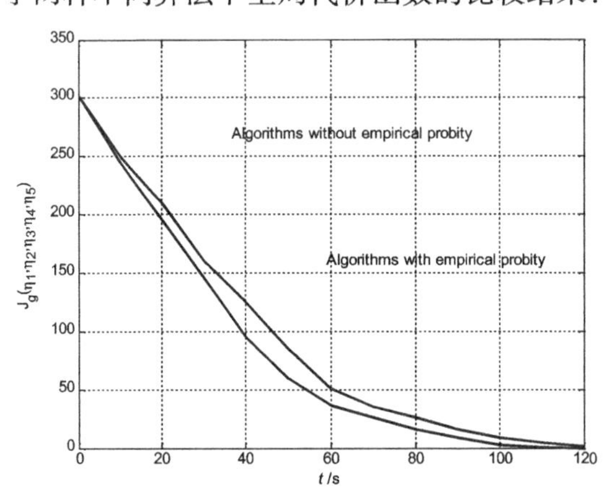

图5.11　不同算法的比较分析

从图中可以看出,带有经验概率的算法收敛速度比没有经验概率的算法快[228].

从仿真图可以看出,本章提出的分布式最优控制算法能够实现多机器人的集合任务.

5.5　本章小结

本章的创新点归纳为三个方面:第一,基于学习博弈理论,推导了一种系统的分布式优化算法.在博弈论的框架下,证明了该算法的收敛性.基于学习博弈理论,机器人可以从博弈中学习其对手机器人的行为模式.第二,基于分布式优化算法,提出了机器人在水下三维空间中的路径点跟踪控制器.基于视线角导航原理,建立了机器人在水下三维空间的运动误差模型.基于该方法,机器人的位置跟踪控制问题可以转化为速度误差、航向角误差和纵倾角误差的稳定控制问题,然后将非完整系统的镇定控制转化为完整系统的镇定控制.这种变换保证了系统可以避免Brockett定理的必要条件所带来的约束.第三,控制器分两阶段进行设计,解决了系统奇异性问题.

未来的工作将主要集中在复杂通信条件下的多机器人协调控制,具体来说,包括时变延迟、欠驱动、信道容量降低等.

第6章 基于非线性小增益理论的协调控制问题研究

本章针对在水下三维空间中运动的多个欠驱动机器人,提出了一种分布式编队跟踪控制器.编队控制器的设计过程分为两部分:第一部分给出了编队控制器必须满足的条件,要求控制器的设计必须满足上述条件.第二部分提出了分布式编队控制器,并介绍了基于小增益理论的稳定性分析结果.仿真结果表明,所设计的控制器能够使机器人准确地跟踪三维空间中的编队轨迹.

6.1 引言

在水下三维空间中,欠驱动机器人的协调控制问题一直是学者们研究的重点问题.对于协调控制问题,要求多个机器人的运动状态满足希望的编队要求.文献中已经有多种多机器人编队控制方法,如基于行为的编队控制方法[184],[254]、虚拟结构控制方法[255-256]、领航—跟随控制策略[257-259]、分散协调控制方法[260],[188-190]、基于图论的协调控制方法[261-262]、人工势场控制机制[263],等等.

多机器人的协调控制目标是驱动每个机器人的运动状态与期望运动状态渐近一致,即与团队中其他机器人保持期望的相对距离和方位.使用可测量的相对位置信息对多个机器人进行分布式编队控制已经引起了广大学者的关注,在文献[250]中,作者提出了一类无全局位置信息反馈的单轮机器人跟随领队队形的分布式非线性控制器.分布式控制器对位置测量误差具有鲁棒性,机器人的线速度可以限制在特定的有界范围内.在文献[218]中,作者分析了分布式控制系统中信息交换约束和复杂非线性动力学的共存性问题,引入循环小增益方法设计分布式非线性控制器.在文献[200]中,协调路径跟踪控制器设计过程分为两个步骤:第一步,作者设计了一种路径跟踪控制律,将每个机器人驱动到

指定的路径．第二步，设计控制器将协调状态调整到其标称值，以实现协调控制目标．在文献[264]中，作者利用基于神经网络的动态滑模控制方法，提出了一种欠驱动自主地面车辆的分散式协同控制器．该控制器可以使一组欠驱动的自主地面车辆收敛到期望的时变参考信号轨迹上．由于该算法只依赖于邻域的局部信息，因此其工作方式是分布式的．

基于对上述文献的学习和总结，本章提出了多机器人的领航—跟随编队控制器设计方案．此控制器为分布式控制器，利用可测量的局部相对位置信息设计控制算法．首先，将编队控制系统转化为状态一致的协调控制问题．然后，基于协调误差动力学系统设计了分布式控制律．当机器人的线速度为零时，分布式控制律存在奇异性问题．在设计分布式协调控制律时，必须考虑这种奇异性问题．为了避免该问题，机器人的线速度必须满足一个有界性的限制条件，闭环分布式系统被转化为输入输出稳定(IOS)系统，利用最近发展迅速的非线性系统小增益定理来保证状态的一致性．本章的主要创新点如下：

第一，本章提出了一种新的分布式协调控制算法，该算法可以驱动多机器人运动到指定的空间路径轨迹上，并且保持期望的队形结构．

第二，本章设计的控制算法仅使用局部相对位置信息，对水下航行器具有更实际的应用价值．

第三，本章给出了多个机器人的线速度必须满足的限制条件，根据这种情况，第i个机器人的实际运动速度低于期望速度．

6.2　水下三维空间中机器人运动模型描述

这一部分我们将给出水下三维空间中运动的第i个机器人的数学模型，$i=0,1,2,\cdots,n-1$．其中，编号为0的机器人为领航机器人，其他跟随机器人的编号为$1,\cdots,n-1$．合理忽略机器人横滚运动的影响，则n个机器人的运动学模型为

$$
\begin{aligned}
\dot{x}_i &= u_i\cos\psi_i\cos\theta_i - v_i\sin\psi_i + w_i\cos\psi_i\sin\theta_i \\
\dot{y}_i &= u_i\sin\psi_i\cos\theta_i + v_i\cos\psi_i + w_i\sin\psi_i\sin\theta_i \\
\dot{z}_i &= -u_i\sin\theta_i + w_i\cos\theta_i \\
\dot{\theta}_i &= q_i \\
\dot{\psi}_i &= \frac{r_i}{\cos\theta_i}
\end{aligned}
\tag{6-1}
$$

令$\{U\}$代表所有机器人所在的惯性坐标系，$\{B_i\}$代表第i个机器人的载体坐标系，Q_i为第i个机器人的重心，Q_i与载体坐标系$\{B_i\}$的坐标原点Q_{B_i}重合．$[x_i,y_i,z_i]^{\mathrm{T}}$代表$Q_i$在惯性坐标系$\{U\}$下的位置信息，$[\theta_i,\psi_i]^{\mathrm{T}}$代表$Q_i$在惯性坐标系$\{U\}$下的方向角度信息，$[u_i,v_i,w_i]^{\mathrm{T}}$代表第$i$个机器人在载体坐标系$\{B_i\}$中的线速度信息，$[q_i,r_i]^{\mathrm{T}}$代表第$i$个机器人在载体坐标系$\{B_i\}$中的旋转角速度信息．

第i个机器人在欠驱动状态下的动力学模型为：

$$
\begin{aligned}
&m_{11i}\dot{u}_i = m_{22i}v_ir_i - m_{33i}w_iq_i - d_{11i}u_i + F_{1i}\\
&m_{22i}\dot{v}_i = -m_{11i}u_ir_i - d_{22i}v_i\\
&m_{33i}\dot{w}_i = m_{11i}u_iq_i - d_{33i}w_i\\
&m_{55i}\dot{q}_i = \left(m_{33i} - m_{11i}\right)u_iw_i - d_{55i}q_i - \rho g\nabla\overline{GM}_{L_i}\sin\theta_i + F_{2i}\\
&m_{66i}\dot{r}_i = \left(m_{11i} - m_{22i}\right)u_iv_i - d_{66i}r_i + F_{3i}
\end{aligned}
\tag{6-2}
$$

其中，$m_{11i}=m_i-X_{\dot{u}i}$，$m_{22i}=m_i-Y_{\dot{v}i}$，$m_{33i}=m_i-Z_{\dot{w}i}$，$m_{55i}=I_{Yi}-M_{\dot{q}i}$，$m_{66i}=I_{zi}-N_{\dot{r}i}$，$d_{11i}=-X_{ui}$，$d_{22i}=-Y_{vi}$，$d_{33i}=-Z_{wi}$，$d_{55i}=-M_{qi}$，$d_{66i}=-N_{ri}$．$m_i$和$m_{(\cdot)}$分别代表第$i$个机器人的质量和附加质量；$F_{1i}$，$F_{2i}$和$F_{3i}$分别是执行器所提供的控制力和力矩；$X_{(\cdot)}$，$Y_{(\cdot)}$，$Z_{(\cdot)}$，$M_{(\cdot)}$和$N_{(\cdot)}$均为水动力系数；$I_{(\cdot)}$代表转动惯量；$\rho$代表海水密度；$g$为重力加速度；$\nabla$代表海水体积；$\overline{GM}_{L_i}$代表纵向稳心高度．

注6.1　在本章中，我们仍然合理忽略驱动装置的动力学系统，也不考虑其响应时间．

定义如下的新变量：

$$v_{xi} = u_i\cos\psi_i\cos\theta_i - v_i\sin\psi_i + w_i\cos\psi_i\sin\theta_i \tag{6-3}$$

$$v_{yi} = u_i\sin\psi_i\cos\theta_i + v_i\cos\psi_i + w_i\sin\psi_i\sin\theta_i \tag{6-4}$$

$$v_{zi} = -u_i\sin\theta_i + w_i\cos\theta_i \tag{6-5}$$

则可以得到简化的动态系统$\dot{x}_i=v_{xi}$，$\dot{y}_i=v_{yi}$，$\dot{z}_i=v_{zi}$．变量v_{xi}，v_{yi}，v_{zi}的导数分别计算如下：

$$
\begin{aligned}
\dot{v}_{xi} &= \dot{u}_i \cos\psi_i \cos\theta_i - u_i\dot{\psi}_i \sin\psi_i \cos\theta_i - u_i \cos\psi_i \sin\theta_i \cdot \dot{\theta}_i - \dot{v}_i \sin\psi_i - \\
&\quad v_i\dot{\psi}_i \cos\psi_i + \dot{w}_i \cos\psi_i \sin\theta_i - w_i \sin\psi_i \cdot \dot{\psi}_i \sin\theta_i + w_i \cos\psi_i \cos\theta_i \cdot \dot{\theta}_i \\
&= \frac{m_{22i}v_ir_i - m_{33i}w_iq_i - d_{11i}u_i + F_{1i}}{m_{11i}} \cos\psi_i \cos\theta_i - u_ir_i \sin\psi_i - \\
&\quad u_iq_i \cos\psi_i \sin\theta_i + \frac{m_{11i}u_ir_i + d_{22i}v_i}{m_{22i}} \sin\psi_i - \frac{v_ir_i \cos\psi_i}{\cos\theta_i} + \\
&\quad \frac{m_{11i}u_iq_i - d_{33i}w_i}{m_{33i}} \cos\psi_i \sin\theta_i - \frac{w_ir_i \sin\psi_i \sin\theta_i}{\cos\theta_i} + w_iq_i \cos\psi_i \cos\theta_i \\
&= \frac{\cos\psi_i \cos\theta_i}{m_{11i}} F_{1i} + \left(\frac{-m_{33i}w_i \cos\psi_i \cos\theta_i}{m_{11i}} - u_i \cos\psi_i \sin\theta_i + \right. \\
&\quad \left. \frac{m_{11i}u_i \cos\psi_i \sin\theta_i}{m_{33i}} + w_i \cos\psi_i \cos\theta_i \right) q_i + \left(\frac{m_{22i}v_i \cos\psi_i \cos\theta_i}{m_{11i}} - \right. \\
&\quad \left. u_i \sin\psi_i + \frac{m_{11i}u_i \sin\psi_i}{m_{22i}} - \frac{v_i \cos\psi_i}{\cos\theta_i} - \frac{w_i \sin\psi_i \sin\theta_i}{\cos\theta_i} \right) r_i - \\
&\quad \frac{d_{11i}u_i \cos\psi_i \cos\theta_i}{m_{11i}} + \frac{d_{22i}v_i \sin\psi_i}{m_{22i}} - \frac{d_{33i}w_i \cos\psi_i \sin\theta_i}{m_{33i}} \\
&= u_{xi}
\end{aligned} \tag{6-6}
$$

$$
\begin{aligned}
\dot{v}_{yi} &= \dot{u}_i \sin\psi_i \cos\theta_i + u_i\dot{\psi}_i \cos\psi_i \cos\theta_i - u_i \sin\psi_i \sin\theta_i \cdot \dot{\theta}_i + \dot{v}_i \cos\psi_i - \\
&\quad v_i\dot{\psi}_i \sin\psi_i + \dot{w}_i \sin\psi_i \sin\theta_i + w_i\dot{\psi}_i \cos\psi_i \sin\theta_i + w_i\dot{\theta}_i \sin\psi_i \cos\theta_i \\
&= \frac{m_{22i}v_ir_i - m_{33i}w_iq_i - d_{11i}u_i + F_{1i}}{m_{11i}} \sin\psi_i \cos\theta_i + u_ir_i \cos\psi_i - \\
&\quad u_iq_i \sin\psi_i \sin\theta_i - \frac{m_{11i}u_ir_i + d_{22i}v_i}{m_{22i}} \cos\psi_i - \frac{v_ir_i \sin\psi_i}{\cos\theta_i} + \\
&\quad \frac{m_{11i}u_iq_i - d_{33i}w_i}{m_{33i}} \sin\psi_i \sin\theta_i + \frac{w_ir_i \cos\psi_i \sin\theta_i}{\cos\theta_i} + w_iq_i \sin\psi_i \cos\theta_i \\
&= \frac{\sin\psi_i \cos\theta_i}{m_{11i}} F_{1i} + \left(\frac{-m_{33i}w_i \sin\psi_i \cos\theta_i}{m_{11i}} - u_i \sin\psi_i \sin\theta_i + \right. \\
&\quad \left. \frac{m_{11i}u_i \sin\psi_i \sin\theta_i}{m_{33i}} + w_i \sin\psi_i \cos\theta_i \right) q_i + \left(\frac{m_{22i}v_i \sin\psi_i \cos\theta_i}{m_{11i}} + \right. \\
&\quad \left. u_i \cos\psi_i - \frac{m_{11i}u_i \cos\psi_i}{m_{22i}} - \frac{v_i \sin\psi_i}{\cos\theta_i} + \frac{w_i \cos\psi_i \sin\theta_i}{\cos\theta_i} \right) r_i - \\
&\quad \frac{d_{11i}u_i \sin\psi_i \cos\theta_i}{m_{11i}} - \frac{d_{22i}v_i \cos\psi_i}{m_{22i}} - \frac{d_{33i}w_i \sin\psi_i \sin\theta_i}{m_{33i}} \\
&= u_{yi}
\end{aligned} \tag{6-7}
$$

$$\begin{aligned}\dot{v}_{zi} &= -\dot{u}_i \sin\theta_i - u_i \cos\theta_i \cdot \dot{\theta}_i + \dot{w}_i \cos\theta_i - w_i \dot{\theta}_i \sin\theta_i \\ &= -\frac{m_{22i}v_i r_i - m_{33i}w_i q_i - d_{11i}u_i + F_{1i}}{m_{11i}}\sin\theta_i - u_i q_i \cos\theta_i + \\ &\quad \frac{m_{11i}u_i q_i - d_{33i}w_i}{m_{33i}}\cos\theta_i - w_i q_i \sin\theta_i \\ &= \frac{\sin\theta_i}{m_{11i}}F_{1i} + \left(\frac{-m_{33i}w_i\sin\theta_i}{m_{11i}} - u_i\cos\theta_i + \frac{m_{11i}u_i\cos\theta_i}{m_{33i}} - w_i\sin\theta_i\right)q_i - \\ &\quad \frac{m_{22i}v_i\sin\theta_i}{m_{11i}}r_i - \frac{d_{11i}u_i\sin\theta_i}{m_{11i}} - \frac{d_{33i}w_i\cos\theta_i}{m_{33i}} \\ &= u_{zi}\end{aligned} \tag{6-8}$$

其中，u_{xi}, u_{yi}, u_{zi}可以看作是新的输入变量，用来简化动态系统(6-6)(6-7)和(6-8)的结构形式. 从而可以得到以下结果：

$$\dot{x}_i = v_{xi}, \dot{v}_{xi} = u_{xi} \tag{6-9}$$

$$\dot{y}_i = v_{yi}, \dot{v}_{yi} = u_{yi} \tag{6-10}$$

$$\dot{z}_i = v_{zi}, \dot{v}_{zi} = u_{zi} \tag{6-11}$$

实际上，对于多机器人来说，相比于绝对位置信息而言，相对位置信息更容易获得，所以我们使用相对位置信息来实现编队控制目标. 为了更加清晰具体地给出相对位置信息，我们首先介绍下文将要用到的信息交换拓扑图的概念和相关结论. 令G代表多机器人通信网络的有向拓扑结构，假设G中含有n个节点(每一个节点代表一个机器人)，如果第i个机器人能够通过第j个机器人获取一个相对位置$\left(x_i - x_j\right)$，则在拓扑图G中存在一个从节点j到节点i的有向连通路径，并且称第j个机器人为第i个机器人的一个邻居. 进一步，令$\aleph_i \subseteq \{0, \cdots, n-1\}$代表第$i$个机器人的所有邻居所构成的集合.

定义误差变量

$$\tilde{x}_i = x_i - x_0 - d_{xi}, \tilde{y}_i = y_i - y_0 - d_{yi}, \tilde{z}_i = z_i - z_0 - d_{zi},$$

$$\tilde{v}_{xi} = v_{xi} - v_{x0}, \tilde{v}_{yi} = v_{yi} - v_{y0}, \tilde{v}_{zi} = v_{zi} - v_{z0},$$

$$\tilde{u}_{xi} = u_{xi} - u_{x0}, \tilde{u}_{yi} = u_{yi} - u_{y0}, \tilde{u}_{zi} = u_{zi} - u_{z0}.$$

其中，$\left[x_0, y_0, z_0\right]^{\mathrm{T}}$代表领航机器人在惯性坐标系$\{U\}$中的绝对位置信息；$\left[v_{x0}, v_{y0}, v_{z0}\right]^{\mathrm{T}}$为领航机器人的线速度向量；$\left[u_{x0}, u_{y0}, u_{z0}\right]^{\mathrm{T}}$代表领航机器人的控制输入向量；变量$d_{xi} \in \mathbf{R}, d_{yi} \in \mathbf{R}, d_{zi} \in \mathbf{R}$分别代表第$i$个机器人与领航机器人之间的期望相对距离. 基于以上定义的变量和符号，我们可以得到如下的动态

系统：

$$\dot{\tilde{x}}_i = \tilde{v}_{xi},\ \dot{\tilde{v}}_{xi} = \tilde{v}_{xi} \tag{6-12}$$

$$\dot{\tilde{y}}_i = \tilde{v}_{yi},\ \dot{\tilde{v}}_{yi} = \tilde{v}_{yi} \tag{6-13}$$

$$\dot{\tilde{z}}_i = \tilde{v}_{zi},\ \dot{\tilde{v}}_{zi} = \tilde{v}_{zi} \tag{6-14}$$

其中，领航机器人的动力学系统如下所示：

$$\dot{x}_0 = v_{x0}, \dot{v}_{x0} = u_{x0}, \dot{y}_0 = v_{y0}, \dot{v}_{y0} = u_{y0}, \dot{z}_0 = v_{z0}, \dot{v}_{z0} = u_{z0}$$

正如以上的分析所示，编队控制问题的目标是：设计系统(6-12)～(6-14)中的控制输入变量$\tilde{v}_{xi}$,$\tilde{v}_{yi}$和$\tilde{v}_{zi}$，从而使得当$t \to \infty$时误差变量$\tilde{x}_i \to 0, \tilde{y}_i \to 0$, $\tilde{z}_i \to 0$. 为了便于控制器的推导，我们建立了以下合理的假设：

假设6.1 对于领航机器人来说，合速度$v_0 = \sqrt{v_{x0}^2 + v_{y0}^2 + v_{z0}^2}$的导数存在且有界，即$\dot{v}_0$存在，并且在$[0, \infty)$上有界．对于合速度$v_0$来说，分别存在上界常数和下界常数$\bar{v}_0$, $\underline{v}_0 > 0$，并且对一切$t \geq 0$都满足$\underline{v}_0 \leq v_0 \leq \bar{v}_0$.

6.3 编队控制器设计和稳定性分析

6.3.1 编队控制器设计

一般来说，如果第i个机器人能够获得相对位置信息$\left(x_i - x_j\right)$，则对于$\tilde{x}_i$子系统而言，可以通过$\left(\tilde{x}_i - \tilde{x}_j\right)$信息来设计控制器结构．如果多机器人的通信拓扑结构图G是带有一个根节点0的生成树，则我们可以使用以下分布式控制律来实现编队控制目标．

$$\tilde{u}_{xi} = -k_{i1}\left(\tilde{v}_{xi} - f_{xi}\left(\varphi_{xi}\right)\right) \tag{6-15}$$

$$\tilde{u}_{yi} = -k_{i2}\left(\tilde{v}_{yi} - f_{yi}\left(\varphi_{yi}\right)\right) \tag{6-16}$$

$$\tilde{u}_{zi} = -k_{i3}\left(\tilde{v}_{zi} - f_{zi}\left(\varphi_{zi}\right)\right) \tag{6-17}$$

其中，控制增益$k_{i1} > 0, k_{i2} > 0, k_{i3} > 0$. 非线性函数$f_{xi}$,$f_{yi}$和$f_{zi}$均为连续可微的有界奇函数，并且满足：

$$-k_{i1}/4 < \mathrm{d}f_{xi}(r)/\mathrm{d}r < 0 \tag{6-18}$$

$$-k_{i2}/4 < \mathrm{d}f_{yi}(r)/\mathrm{d}r < 0 \tag{6-19}$$

$$-k_{i3}/4 < \mathrm{d}f_{zi}(r)/\mathrm{d}r < 0 \tag{6-20}$$

其中，$r \in \mathbf{R}$. 变量 φ_{xi}，φ_{yi} 和 φ_{zi} 的结构形式可以设计如下：

$$\varphi_{xi} = \frac{1}{N_i}\sum_{j \in \aleph_i}\left(x_i - x_j - \left(d_{xi} - d_{xj}\right)\right) \tag{6-21}$$

$$\varphi_{yi} = \frac{1}{N_i}\sum_{j \in \aleph_i}\left(y_i - y_j - \left(d_{yi} - d_{yj}\right)\right) \tag{6-22}$$

$$\varphi_{zi} = \frac{1}{N_i}\sum_{j \in \aleph_i}\left(z_i - z_j - \left(d_{zi} - d_{zj}\right)\right) \tag{6-23}$$

其中，N_i 为集合 $\aleph_i$ 的势，$j \in \aleph_i$ 代表从第 j 个机器人到第 i 个机器人之间有一条有向边. 系统(6-21)(6-22)和(6-23)中的 $d_{xi} - d_{xj}$，$d_{yi} - d_{yj}$，$d_{zi} - d_{zj}$ 分别表示第 i 个机器人和第 j 个机器人之间的期望相对距离，并且 $d_{x0} = d_{y0} = d_{z0} = 0$.

基于系统(6-6) ~ (6-8)来设计控制输入 F_{1i}，q_i 和 r_i，其中 $u_{xi} = \tilde{u}_{xi} + u_{x0}$，$u_{yi} = \tilde{u}_{yi} + u_{y0}$，$u_{zi} = \tilde{u}_{zi} + u_{z0}$. 定义如下符号：

$$a_1 = \frac{\cos\psi_i \cos\theta_i}{m_{11i}} \tag{6-24}$$

$$a_2 = \frac{-m_{33i}w_i \cos\psi_i \cos\theta_i}{m_{11i}} - u_i \cos\psi_i \sin\theta_i + \frac{m_{11i}u_i \cos\psi_i \sin\theta_i}{m_{33i}} + w_i \cos\psi_i \cos\theta_i \tag{6-25}$$

$$a_3 = \frac{m_{22i}v_i \cos\psi_i \cos\theta_i}{m_{11i}} - u_i \sin\psi_i + \frac{m_{11i}u_i \sin\psi_i}{m_{22i}} - \frac{v_i \cos\psi_i}{\cos\theta_i} - \frac{w_i \sin\psi_i \sin\theta_i}{\cos\theta_i} \tag{6-26}$$

$$a_4 = \frac{-d_{11i}u_i \cos\psi_i \cos\theta_i}{m_{11i}} + \frac{d_{22i}v_i \sin\psi_i}{m_{22i}} - \frac{d_{33i}w_i \cos\psi_i \sin\theta_i}{m_{33i}} \tag{6-27}$$

$$a_5 = \frac{\sin\psi_i \cos\theta_i}{m_{11i}} \tag{6-28}$$

$$a_6 = \frac{-m_{33i}w_i \sin\psi_i \cos\theta_i}{m_{11i}} - u_i \sin\psi_i \sin\theta_i + \frac{m_{11i}u_i \sin\psi_i \sin\theta_i}{m_{33i}} + w_i \sin\psi_i \cos\theta_i \tag{6-29}$$

$$a_7 = \frac{m_{22i}v_i \sin\psi_i \cos\theta_i}{m_{11i}} + u_i \cos\psi_i - \frac{m_{11i}u_i \cos\psi_i}{m_{22i}} - \frac{v_i \sin\psi_i}{\cos\theta_i} + \frac{w_i \cos\psi_i \sin\theta_i}{\cos\theta_i} \tag{6-30}$$

$$a_8 = -\frac{d_{11i}u_i \sin\psi_i \cos\theta_i}{m_{11i}} - \frac{d_{22i}v_i \cos\psi_i}{m_{22i}} - \frac{d_{33i}w_i \sin\psi_i \sin\theta_i}{m_{33i}} \tag{6-31}$$

$$a_9 = \frac{\sin\theta_i}{m_{11i}} \tag{6-32}$$

$$a_{10} = \frac{-m_{33i}w_i \sin\theta_i}{m_{11i}} - u_i \cos\theta_i + \frac{m_{11i}u_i \cos\theta_i}{m_{33i}} - w_i \sin\theta_i \tag{6-33}$$

$$a_{11} = -\frac{m_{22}v_i \sin\theta_i}{m_{11i}} \tag{6-34}$$

$$a_{12} = -\frac{d_{11i}u_i \sin\theta_i}{m_{11i}} - \frac{d_{33i}w_i \cos\theta_i}{m_{33i}} \tag{6-35}$$

则有

$$a_1F_{1i} + a_2q_i + a_3r_i + a_4 = u_{xi} \tag{6-36}$$

$$a_5F_{1i} + a_6q_i + a_7r_i + a_8 = u_{yi} \tag{6-37}$$

$$a_9F_{1i} + a_{10}q_i + a_{11}r_i + a_{12} = u_{zi} \tag{6-38}$$

定义矩阵 $A = \begin{bmatrix} a_1 & a_2 & a_3 \\ a_5 & a_6 & a_7 \\ a_9 & a_{10} & a_{11} \end{bmatrix}$，如果 $V_i = \sqrt{u_i^2 + v_i^2 + w_i^2} \neq 0$，则有 $|A| \neq 0$ 和 $\begin{bmatrix} F_{1i} \\ q_i \\ r_i \end{bmatrix} = A^{-1}\left(\begin{bmatrix} u_{xi} \\ u_{yi} \\ u_{zi} \end{bmatrix} - \begin{bmatrix} a_4 \\ a_8 \\ a_{12} \end{bmatrix}\right)$，即

$$F_{1i} = \frac{(a_2a_7 - a_3a_6)(a_{11}u_{xi} - a_3u_{zi} - a_4a_{11} + a_3a_{12})}{(a_1a_{11} - a_3a_9)(a_2a_7 - a_3a_6) - (a_2a_{11} - a_3a_{10})(a_1a_7 - a_3a_5)} - \frac{(a_2a_{11} - a_3a_{10})(a_7u_{xi} - a_3u_{yi} - a_4a_7 + a_3a_8)}{(a_1a_{11} - a_3a_9)(a_2a_7 - a_3a_6) - (a_2a_{11} - a_3a_{10})(a_1a_7 - a_3a_5)} \tag{6-39}$$

$$q_i = \frac{a_7u_{xi} - a_3u_{yi} - a_4a_7 + a_3a_8 - (a_1a_7 - a_3a_5)F_{1i}}{a_2a_7 - a_3a_6} \tag{6-40}$$

$$r_i = \frac{u_{xi} - a_4 - a_1F_{1i} - a_2q_i}{a_3} \tag{6-41}$$

为了使控制输入(6-39)～(6-41)有效，必须确保条件 $V_i \neq 0$ 成立．因此，对于第 i 个机器人，我们可以选择一个满足条件 $0 < b_1 < \underline{V}_0$ 的正定常数 b_1 和一个满足如下条件的控制律：

$$\max\left\{\left|\tilde{v}_{xi}\right|,\left|\tilde{v}_{yi}\right|,\left|\tilde{v}_{zi}\right|\right\}\leqslant\frac{\sqrt{3}}{3}\left(\underline{V}_0-b_1\right)\leqslant\frac{\sqrt{3}}{3}\left(V_0-b_1\right)\tag{6-42}$$

则有 $V_i=\sqrt{v_{xi}^2+v_{yi}^2+v_{zi}^2}=\sqrt{\left(v_{x0}+\tilde{v}_{xi}\right)^2+\left(v_{y0}+\tilde{v}_{yi}\right)^2+\left(v_{z0}+\tilde{v}_{zi}\right)^2}\geqslant b_1>0$，即 $V_i\neq 0$. 事实上，每个机器人的实际速度要低于期望速度. 因此，在实践中可以找到一个常数 b_2 满足 $b_2>\overline{V}_0$. 如果控制律设计满足式(6-43)中的条件，则每个机器人的实际速度小于常数 b_2，即 $V_i\leqslant b_2$.

$$\max\left\{\left|\tilde{v}_{xi}\right|,\left|\tilde{v}_{yi}\right|,\left|\tilde{v}_{zi}\right|\right\}\leqslant\frac{\sqrt{3}}{3}\left(b_2-\overline{V}_0\right)\tag{6-43}$$

此处定义一个新的符号：

$$b_3=\min\left\{\frac{\sqrt{3}}{3}\left(\underline{V}_0-b_1\right),\ \frac{\sqrt{3}}{3}\left(b_2-\overline{V}_0\right)\right\}\tag{6-44}$$

其中，常数 $b_1,b_2,\underline{V}_0$ 和 $\overline{V}_0$ 满足条件 $0<b_1<\underline{V}_0<\overline{V}_0<b_2$.

如果系统(6-42)和(6-43)同时成立，则我们需要设计满足以下条件的控制器：

$$\max\left\{\left|\tilde{v}_{xi}\right|,\left|\tilde{v}_{yi}\right|,\left|\tilde{v}_{zi}\right|\right\}\leqslant b_3\tag{6-45}$$

基于以上分析，我们设计以下控制律：

$$q_i=f_{\theta i}\left(\theta_i-\theta_0\right)+q_0\tag{6-46}$$

$$r_i=\left(f_{\psi i}\left(\psi_i-\psi_0\right)+\frac{r_0}{\cos\theta_0}\right)\cos\theta_i\tag{6-47}$$

$$F_{1i}=m_{11i}\left(f_{\psi i}\left(\psi_i-\psi_0\right)+\dot{u}_0\right)-m_{22i}v_ir_i+m_{33i}w_iq_i+d_{11i}u_i\tag{6-48}$$

$$F_{2i}=m_{55i}\left(f_{qi}\left(q_i-q_0\right)+\dot{q}_0\right)-\left(m_{33i}-m_{11i}\right)u_iw_i+d_{55i}q_i+\rho g\nabla\overline{GM}_{L_i}\sin\theta_i\tag{6-49}$$

$$F_{3i}=m_{66i}\left(f_{ri}\left(r_i-r_0\right)+\dot{r}_0\right)-\left(m_{11i}-m_{22i}\right)u_iv_i+d_{66i}r_i\tag{6-50}$$

其中，$f_{\theta i},f_{\psi i},f_{ui},f_{qi},f_{ri}$: $\mathbf{R}\rightarrow\mathbf{R}$ 均为实值非线性函数.

定义新变量 $\tilde{\theta}_i=\theta_i-\theta_0,\tilde{\psi}_i=\psi_i-\psi_0,\tilde{u}_i=u_i-u_0,\tilde{q}_i=q_i-q_0,\tilde{r}_i=r_i-r_0$. 由方程(6-1)~(6-2)，(6-46)~(6-50)，我们可以得到如下的动态系统：

$$\dot{\tilde{\theta}}_i=f_{\theta i}\left(\tilde{\theta}_i\right)\tag{6-51}$$

$$\dot{\tilde{\psi}}_i = f_{\psi i}\left(\tilde{\psi}_i\right) \tag{6-52}$$

$$\dot{\tilde{u}}_i = f_{ui}\left(\tilde{u}_i\right) \tag{6-53}$$

$$\dot{\tilde{q}}_i = f_{qi}\left(\tilde{q}_i\right) \tag{6-54}$$

$$\dot{\tilde{r}}_i = f_{ri}\left(\tilde{r}_i\right) \tag{6-55}$$

首先,我们研究系统(6-51),如果$\tilde{\theta}_i > 0$,则非线性函数$f_{\theta i}\left(\tilde{\theta}_i\right) < 0$. 如果$\tilde{\theta}_i < 0$,则非线性函数$f_{\theta i}\left(\tilde{\theta}_i\right) > 0$,从而可得系统(6-51)是渐近稳定的. 同样的,我们也可以得到系统(6-52)~(6-55)的渐近稳定性. 所以,我们需要设计非线性函数$f_{\theta i}, f_{\psi i}, f_{ui}, f_{qi}, f_{ri}$,使其对一切$s \in \mathbf{R}_+$都满足$-f_{\theta i}(s), f_{\theta i}(-s), -f_{\psi i}(s), f_{\psi i}(-s), -f_{ui}(s)$, $f_{ui}(-s), -f_{qi}(s), f_{qi}(-s), -f_{ri}(s), f_{ri}(-s)$是正定的. 我们可以选择正定常数$k_{i4}, k_{i5}, k_{i6}$, k_{i7}, k_{i8},并且分别满足$-k_{i4}/4 < \mathrm{d}f_{\theta i}(r)/\mathrm{d}r < 0$, $-k_{i5}/4 < \mathrm{d}f_{\psi i}(r)/\mathrm{d}r < 0$, $-k_{i6}/4 < \mathrm{d}f_{ui}(r)/\mathrm{d}r < 0$, $-k_{i7}/4 < \mathrm{d}f_{qi}(r)/\mathrm{d}r < 0$, $-k_{i8}/4 < \mathrm{d}f_{ri}(r)/\mathrm{d}r < 0$,从而系统(6-51)~(6-55)是渐近稳定的. 并且,存在一组KL函数$\beta_{\tilde{\theta}_i}, \beta_{\tilde{\psi}_i}, \beta_{\tilde{u}_i}, \beta_{\tilde{q}_i}, \beta_{\tilde{r}_i}$,满足$\tilde{\theta}_i(t) \leqslant \beta_{\tilde{\theta}_i}\left(\tilde{\theta}_i(0), t\right)$, $\tilde{\psi}_i(t) \leqslant \beta_{\tilde{\psi}_i}\left(\tilde{\psi}_i(0), t\right)$, $\tilde{u}_i(t) \leqslant \beta_{\tilde{u}_i}\left(\tilde{u}_i(0), t\right)$, $\tilde{q}_i(t) \leqslant \beta_{\tilde{q}_i}\left(\tilde{q}_i(0), t\right)$, $\tilde{r}_i(t) \leqslant \beta_{\tilde{r}_i}\left(\tilde{r}_i(0), t\right)$.

基于连续函数的性质,存在常数$\bar{c}_{\theta 0} > 0, \bar{c}_{\psi 0} > 0, \bar{c}_{u0} > 0, \bar{c}_{v0} > 0, \bar{c}_{w0} > 0$, $\bar{c}_{q0} > 0, \bar{c}_{r0} > 0$,使得对一切$V_0 \in \left[\underline{V}_0, \bar{V}_0\right], \theta_0, \psi_0, q_0, r_0 \in \mathbf{R}$,都有$\left|c_{\theta 0}\right| \leqslant \bar{c}_{\theta 0}, \left|c_{\psi 0}\right| \leqslant \bar{c}_{\psi 0}, \left|c_{u0}\right| \leqslant \bar{c}_{u0}, \left|c_{v0}\right| \leqslant \bar{c}_{v0}, \left|c_{w0}\right| \leqslant \bar{c}_{w0}, \left|c_{q0}\right| \leqslant \bar{c}_{q0}, \left|c_{r0}\right| \leqslant \bar{c}_{r0}$,

$$\begin{aligned}&\left|\left(u_0 + c_{u0}\right)\cos\left(\psi_0 + c_{\psi 0}\right)\cos\left(\theta_0 + c_{\theta 0}\right) - \left(v_0 + c_{v0}\right)\sin\left(\psi_0 + c_{\psi 0}\right) + \right.\\&\left(w_0 + c_{w0}\right)\cos\left(\psi_0 + c_{\psi 0}\right)\sin\left(\theta_0 + c_{\theta 0}\right) - u_0\cos\psi_0\cos\theta_0 + v_0\sin\psi_0 - \\&\left. w_0\cos\psi_0\sin\theta_0\right| \leqslant b_3\end{aligned} \tag{6-56}$$

$$\begin{aligned}&\left|\left(u_0 + c_{u0}\right)\sin\left(\psi_0 + c_{\psi 0}\right)\cos\left(\theta_0 + c_{\theta 0}\right) + \left(v_0 + c_{v0}\right)\cos\left(\psi_0 + c_{\psi 0}\right) + \right.\\&\left(w_0 + c_{w0}\right)\sin\left(\psi_0 + c_{\psi 0}\right)\sin\left(\theta_0 + c_{\theta 0}\right) - u_0\sin\psi_0\cos\theta_0 - v_0\cos\psi_0 - \\&\left. w_0\sin\psi_0\sin\theta_0\right| \leqslant b_3\end{aligned} \tag{6-57}$$

$$-\left|\left(u_0 + c_{u0}\right)\sin\left(\theta_0 + c_{\theta 0}\right) + \left(w_0 + c_{w0}\right)\cos\left(\theta_0 + c_{\theta 0}\right) + u_0\sin\theta_0 w_0\cos\theta_0\right| \leqslant b_3 \tag{6-58}$$

基于控制律(6–46)~(6–50),对于第i个机器人,我们可以找到一个有限时间t_{i1}满足条件$\theta_i\left(t_{i1}\right)-\theta_0\left(t_{i1}\right)\leqslant\bar{c}_{\theta0},\psi_i\left(t_{i1}\right)-\psi_0\left(t_{i1}\right)\leqslant\bar{c}_{\psi0},u_i\left(t_{i1}\right)-u_0\left(t_{i1}\right)\leqslant\bar{c}_{u0}$,$q_i\left(t_{i1}\right)-q_0\left(t_{i1}\right)\leqslant\bar{c}_{q0},r_i\left(t_{i1}\right)-r_0\left(t_{i1}\right)\leqslant\bar{c}_{r0}$. 因此,在$t_{i1}$时刻满足条件(6–45). 根据控制律(6–48)和条件$V(0)\leqslant b_2$,对于一切$t\in\left[0,t_{i1}\right]$都可以得到结果$V_i(t)\leqslant b_2$.

注6.2 控制器(6–39)~(6–41)与(6–46)~(6–48)并不冲突矛盾,它们属于不同的控制阶段. 在初始控制阶段,使用控制器(6–46)~(6–50)来保证第i个机器人在$t=t_{i1}$时刻的合速度$V_i\neq0$. 同时,基于控制器(6–46)~(6–50),误差变量$\tilde{\theta}_i,\tilde{\psi}_i,\tilde{u}_i,\tilde{q}_i$和$\tilde{r}_i$收敛到零. 此时,当$V_i\neq0$时,控制器(6–39)~(6–41)是有效的. 第二个控制阶段应用控制律(6–39)~(6–41)实现编队控制目标, 如果在控制程序开始时不满足条件(6–42),编队控制器(6–39)~(6–41)不能保证$V_i\neq0$. 因此,初始控制阶段是必要的.

6.3.2 主要结论及稳定性分析

本段主要研究由式(6–12)~(6–14)所定义的$\left(\tilde{v}_{xi},\tilde{v}_{yi},\tilde{v}_{zi}\right)$误差系统. 基于6.3.1中的详细分析,我们知道在t_{i1}时刻满足条件(6–45). 我们可以选择合适的有界非线性函数f_{xi},f_{yi},f_{zi}及控制律(6–15)~(6–17)来保证在t_{i1}时刻以后仍然满足条件(6–45).

定义一个带有n–1个节点的拓扑结构G_f. 对于i=1,⋯,n–1,定义符号$\bar{\aleph}_i$代表:如果存在一条由节点j到节点i的有向边(j,i),则$j\in\bar{\aleph}_i$. 每条边(j,i)都对应了一个正变量a_{ij}. 对于拓扑结构G_f中的一个简单环O,定义A_O为简单环O中的边所对应的正变量的乘积的集合. 对于i=1,⋯,n–1,用符号$\ell_f(i)$表示拓扑结构G_f中所有通过第i个顶点的简单环的集合.

本章的主要研究结果如下:

定理6.1 基于多机器人的运动学系统(6–1)和动力学系统(6–2),给出分布式控制律为式(6–3)~(6–8),(6–15)~(6–17)和(6–39)~(6–41),(6–46)~(6–50),其中参数k_{i1},k_{i2},k_{i3}满足不等式(6–18)~(6–20). 在假设6.1的条件下,如果通信位置信息拓扑图G是一个带有根节点0的生成树,则第i个机器人的编队误差变量$\tilde{x}_i(t),\tilde{y}_i(t),\tilde{z}_i(t),\tilde{\theta}_i(t),\tilde{\psi}_i(t)$分别渐近收敛到零,其中$i$=1,⋯,$n$–1.

证明:基于前述定义式(6–44)中的b_3和在t_{i1}时刻后满足条件(6–45),我们

可以得到结论 $V_i \neq 0$,则当 $t \geq t_{i1}$ 时,控制器(6-39)~(6-41)是有效的.

记 $\tilde{x}_0 = 0, \tilde{y}_0 = 0, \tilde{z}_0 = 0$,下面我们可以将 $\varphi_{xi}, \varphi_{yi}, \varphi_{zi}$ 重记为:

$$\varphi_{xi} = \frac{1}{N_i}\sum_{j \in \aleph_i}\left(x_i - d_{xi} - x_0 - \left(x_j - d_{xj} - x_0\right)\right) = \frac{1}{N}\sum_{j \in \aleph_i}\left(\tilde{x}_i - \tilde{x}_j\right)$$
$$= \tilde{x}_i - \frac{1}{N_i}\sum_{j \in \aleph_i}\tilde{x}_j \tag{6-59}$$

$$\varphi_{yi} = \frac{1}{N_i}\sum_{j \in \aleph_i}\left(y_i - d_{yi} - y_0 - \left(y_j - d_{yj} - y_0\right)\right) = \frac{1}{N}\sum_{j \in \aleph_i}\left(\tilde{y}_i - \tilde{y}_j\right)$$
$$= \tilde{y}_i - \frac{1}{N_i}\sum_{j \in \aleph_i}\tilde{y}_j \tag{6-60}$$

$$\varphi_{zi} = \frac{1}{N_i}\sum_{j \in \aleph_i}\left(z_i - d_{zi} - z_0 - \left(z_j - d_{zj} - z_0\right)\right) = \frac{1}{N_i}\sum_{j \in \aleph_i}\left(\tilde{z}_i - \tilde{z}_j\right)$$
$$= \tilde{z}_i - \frac{1}{N_i}\sum_{j \in \aleph_i}\tilde{z}_j \tag{6-61}$$

定义新的变量 $h_{xi} = \frac{1}{N_i}\sum_{j \in \aleph_i}\tilde{x}_j, h_{yi} = \frac{1}{N_i}\sum_{j \in \aleph_i}\tilde{y}_j, h_{zi} = \frac{1}{N_i}\sum_{j \in \aleph_i}\tilde{z}_j$,则控制律(6-15)~(6-17)可以重新表达如下:

$$\tilde{u}_{xi} = -k_{i1}\left(\tilde{v}_{xi} - f_{xi}\left(\tilde{x}_i - h_{xi}\right)\right) \tag{6-62}$$

$$\tilde{u}_{yi} = -k_{i2}\left(\tilde{v}_{yi} - f_{yi}\left(\tilde{y}_i - h_{yi}\right)\right) \tag{6-63}$$

$$\tilde{u}_{zi} = -k_{i3}\left(\tilde{v}_{zi} - f_{zi}\left(\tilde{z}_i - h_{zi}\right)\right) \tag{6-64}$$

现在,我们给出一个新符号 $t_0 = \max\limits_{i = 1, \cdots, n-1}\left\{t_{i1}\right\}$. 对于系统(6-12),考虑式(6-62)所给出的控制律,其中函数 f_{xi} 满足条件(6-18),φ_{xi} 如式(6-59)所示,基于小增益定理,闭环系统(6-12)(6-62)和 $\hat{\tilde{x}}_i = \tilde{x}_i + \omega_{xi}$($\omega_{xi} \in \mathbf{R}$ 代表外部干扰输入)均为无界可观测的(UO),是输入—输出稳定的,并且有如下的性质成立:

$$\left|\tilde{x}_i(t)\right| \leq \beta_{xi}\left(\left|\left[\tilde{x}_{i0}, \tilde{v}_{xi0}\right]^{\mathrm{T}}\right|, t - t_0\right) + \left\|h_{xi}\right\|_{\left[t_0, t\right]} \tag{6-65}$$

$$\left|\tilde{v}_i(t)\right| \leq \left|\tilde{v}_{xi0}\right| + \alpha_{xi}\left(\left\|\tilde{x}_i\right\|_{\left[t_0, t\right]} + \left\|h_{xi}\right\|_{\left[t_0, t\right]}\right) \tag{6-66}$$

其中 $i=1, \cdots, n-1, \tilde{x}_i\left(t_0\right) = \tilde{x}_{i0}, \tilde{v}_{xi}\left(t_0\right) = \tilde{v}_{xi0}, \beta_{xi}$ 为KL函数,α_{xi} 为 K_∞ 函数.

同样地,我们可以得到 $\left(\tilde{y}_i, \tilde{v}_{yi}\right)$ 系统(6-13)和 $\left(\tilde{z}_i, \tilde{v}_{zi}\right)$ 系统(6-14)在控制律作

用下是无界可观测的,是输入—输出稳定的,并且有如下的性质成立:

$$\left|\tilde{y}_i(t)\right| \leqslant \beta_{yi}\left(\left|\left[\tilde{y}_{i0}, \tilde{y}_{yi0}\right]^{\mathrm{T}}\right|, t-t_0\right)+\left\|h_{yi}\right\|_{\left[t_0, t\right]} \tag{6-67}$$

$$\left|\tilde{v}_{yi}(t)\right| \leqslant\left|\tilde{v}_{yi0}\right|+\alpha_{yi}\left(\left\|\tilde{y}_i\right\|_{\left[t_0, t\right]}+\left\|h_{yi}\right\|_{\left[t_0, t\right]}\right) \tag{6-68}$$

$$\left|\tilde{z}_i(t)\right| \leqslant \beta_{zi}\left(\left|\left[\tilde{z}_{i0}, \tilde{z}_{zi0}\right]^{\mathrm{T}}\right|, t-t_0\right)+\left\|h_{zi}\right\|_{\left[t_0, t\right]} \tag{6-69}$$

$$\left|\tilde{v}_{zi}(t)\right| \leqslant\left|\tilde{v}_{zi0}\right|+\alpha_{zi}\left(\left\|\tilde{z}_i\right\|_{\left[t_0, t\right]}+\left\|h_{zi}\right\|_{\left[t_0, t\right]}\right) \tag{6-70}$$

其中，$\tilde{y}_i\left(t_0\right)=\tilde{y}_{i0}$，$\tilde{v}_{yi}\left(t_0\right)=\tilde{v}_{yi0}$，$\tilde{z}_i\left(t_0\right)=\tilde{z}_{i0}$，$\tilde{v}_{zi}\left(t_0\right)=\tilde{v}_{zi0}$，$\beta_{yi}, \beta_{zi} \in \mathrm{KL}$，$\alpha_{yi}, \alpha_{zi} \in \mathrm{K}_{\infty}$.

如果我们给出$n-1$个常数$l_1, \cdots, l_{n-1}>0$,它们满足条件$\sum_{i=1}^{n-1} \frac{1}{l_1} \leqslant n-1$,则对于任意的常数$d_1, \cdots, d_{n-1} \geqslant 0$，我们能够得到结论$\sum_{i=1}^{n-1} \frac{1}{l_1} l_i d_i \leqslant(n-1) \max\limits_{1 \leqslant i \leqslant n-1}\left\{l_i d_i\right\}$. 因此,以下结论成立:

$$\left|h_{xi}\right| \leqslant \delta_i \max _{j \in \bar{\aleph}_i}\left\{a_i\left|\tilde{x}_j\right|\right\} \tag{6-71}$$

$$\left|h_{yi}\right| \leqslant \delta_i \max _{j \in \bar{\aleph}_i}\left\{a_{ij}\left|\tilde{y}_j\right|\right\} \tag{6-72}$$

$$\left|h_{zi}\right| \leqslant \delta_i \max _{j \in \bar{\aleph}_i}\left\{a_{ij}\left|\tilde{z}_j\right|\right\} \tag{6-73}$$

如果节点$0 \in \aleph_i$,则$\delta_i=\frac{N_i-1}{N_i}, \bar{\aleph}_i=\aleph_i \backslash\{0\}$和$\sum_{j \in \bar{\aleph}_i} \frac{1}{a_{ij}} \leqslant N_i-1$;如果$0 \notin \aleph_i$,则$\delta_i=1, \bar{\aleph}_i=\aleph_i$和$\sum_{j \in \bar{\aleph}_i} \frac{1}{a_{ij}} \leqslant N_i$,其中$\bar{\aleph}_i$代表第$i$个机器人除了节点0以外的邻居节点的集合. 由以上的分析可知,性质(6-65)~(6-70)可进一步写为

$$\left|\tilde{x}_i(t)\right| \leqslant \beta_{xi}\left(\left|\left[\tilde{x}_{i0}, \tilde{v}_{xi0}\right]^{\mathrm{T}}\right|, t-t_0\right)+\delta_i \max _{j \in \bar{\aleph}_i}\left\{a_{ij}\left\|\tilde{x}_j\right\|_{\left[t_0, t\right]}\right\} \tag{6-74}$$

$$\left|\tilde{v}_{xi}(t)\right| \leqslant\left|\tilde{v}_{xi0}\right|+\alpha_{xi}\left(\left\|\tilde{x}_i\right\|_{\left[t_0, t\right]}+\delta_i \max _{j \in \bar{\aleph}_i}\left\{a_{ij}\left\|\tilde{x}_j\right\|_{\left[t_0, t\right]}\right\}\right) \tag{6-75}$$

$$\left|\tilde{y}_i(t)\right| \leqslant \beta_{yi}\left(\left|\left[\tilde{y}_{i0}, \tilde{y}_{yi0}\right]^{\mathrm{T}}\right|, t-t_0\right)+\delta_i \max _{j \in \bar{\aleph}_i}\left\{a_{ij}\left\|\tilde{y}_j\right\|_{\left[t_0, t\right]}\right\} \tag{6-76}$$

$$\left|\tilde{v}_{yi}(t)\right| \leqslant \left|\tilde{v}_{yi0}\right| + \alpha_{yi}\left(\left\|\tilde{y}_i\right\|_{[t_0,t]} + \delta_i \max_{j\in\bar{\aleph}_i}\left\{a_{ij}\left\|\tilde{y}_j\right\|_{[t_0,t]}\right\}\right) \tag{6-77}$$

$$\left|\tilde{z}_i(t)\right| \leqslant \beta_{zi}\left(\left|\left[\tilde{z}_{i0}, \tilde{z}_{zi0}\right]^{\mathrm{T}}\right|, t - t_0\right) + \delta_i \max_{j\in\bar{\aleph}_i}\left\{a_{ij}\left\|\tilde{z}_j\right\|_{[t_0,t]}\right\} \tag{6-78}$$

$$\left|\tilde{v}_{zi}(t)\right| \leqslant \left|\tilde{v}_{zi0}\right| + \alpha_{zi}\left(\left\|\tilde{z}_i\right\|_{[t_0,t]} + \delta_i \max_{j\in\bar{\aleph}_i}\left\{a_{ij}\left\|\tilde{z}_j\right\|_{[t_0,t]}\right\}\right) \tag{6-79}$$

由$\bar{\aleph}_i$的定义可知，$\bar{\aleph}_i$与一个有向图G_f是相关的，其中G_f是通信拓扑图G的子图．拓扑图G_f有$n-1$个节点，标号分别为$1,\cdots,n-1$，所以G_f代表的是跟随机器人之间的通信拓扑结构．基于$\bar{\aleph}_i$和G_f的定义，我们可以得到结论，对于$i=1,\cdots,n-1$，如果$j\in\bar{\aleph}_i$，则在拓扑结构G_f中存在由节点j到节点i的一条有向边(j,i)．因此，G_f表示由$\left(\tilde{x}_i,\tilde{v}_{xi}\right)$系统(6-12)，$\left(\tilde{y}_i,\tilde{v}_{yi}\right)$系统(6-13)和$\left(\tilde{z}_i,\tilde{v}_{zi}\right)$系统(6-14)所组成的网络的互连拓扑．

令$F_0=\left\{\aleph_i \middle| 0\in\aleph_i, i\in\{1,\cdots,n-1\}\right\}$代表一个指标集，如果节点的标号属于集合$F_0$，我们可以将$\ell_0(\ell_0\subseteq\ell_f)$定义为通过这些节点的所有简单循环的集合．对于$i=1,\cdots,n-1$，$j\in\bar{\aleph}_i$，可以选择正数$a_{ij}$对应于拓扑图$G_f$中的一条边$(j,i)$．因此，对于$i=1,\cdots,n-1$，$\tilde{x}_i,\tilde{y}_i,\tilde{z}_i$可以被视为分别由$\left(\tilde{x}_i,\tilde{v}_{xi}\right)$系统(6-12)，$\left(\tilde{y}_i,\tilde{v}_{yi}\right)$系统(6-13)和$\left(\tilde{z}_i,\tilde{v}_{zi}\right)$系统(6-14)所组成的网络的输出变量．基于输入—输出稳定的小增益定理[265]，如果条件(6-80)～(6-81)满足，则误差变量$\tilde{x}_i(t)$，$\tilde{y}_i(t)$和$\tilde{z}_i(t)$将会渐近收敛到零，$i=1,\cdots,n-1$.

$$A_o\frac{n-2}{n-1} < 1, \text{for } o\in\ell_0 \tag{6-80}$$

$$A_o < 1, \text{for } o\in\ell_f/\ell_0 \tag{6-81}$$

基于前述的假设：通信拓扑结构G为带有根节点0的生成树，则本章中的条件(6-80)和(6-81)是满足的．在以上的假设中，G_f有一个生成树，并且它的根节点指标属于集合F_0，从而我们可以选择正数a_{ij}使得条件(6-80)和(6-81)成立．对于系统(6-12)～(6-14)和系统(6-51)～(6-52)，我们可以选择如下的一个李雅普诺夫函数：

$$V_{i1} = \frac{1}{2}\left(\tilde{v}_{xi}^2 + \tilde{v}_{yi}^2 + \tilde{v}_{zi}^2 + \tilde{\theta}_i^2 + \tilde{\psi}_i^2\right) \tag{6-82}$$

经过计算可得

$$\dot{V}_{i1} = \tilde{v}_{xi}\tilde{u}_{xi} + \tilde{v}_{yi}\tilde{u}_{yi} + \tilde{v}_{zi}\tilde{u}_{zi} + \tilde{\theta}_i f_{\theta i}\left(\tilde{\theta}_i\right) + \tilde{\psi}_i f_{\psi i}\left(\tilde{\psi}_i\right) \tag{6-83}$$

将式(6-62)~(6-64)代入式(6-83)中，可以得到$\dot{V}_{i1} \leqslant 0$.二阶导数为

$$\ddot{V}_{i1} = \tilde{u}_{xi}^2 + \tilde{u}_{yi}^2 + \tilde{u}_{zi}^2 + \tilde{v}_{xi}\dot{\tilde{u}}_{xi} + \tilde{v}_{yi}\dot{\tilde{u}}_{yi} + \tilde{v}_{zi}\dot{\tilde{u}}_{zi} + f_{\theta i}^2\left(\tilde{\theta}_i\right) + f_{\psi i}^2\left(\tilde{\psi}_i\right) + \tilde{\theta}_i \frac{\mathrm{d}f_{\theta i}\left(\tilde{\theta}_i\right)}{\mathrm{d}\left(\tilde{\theta}_i\right)} + \tilde{\psi}_i \frac{\mathrm{d}f_{\psi i}\left(\tilde{\psi}_i\right)}{\mathrm{d}\left(\tilde{\psi}_i\right)} \tag{6-84}$$

基于式(6-62)~(6-64)，我们可以得到：

$$\dot{\tilde{u}}_{xi} = -k_{i1}\left(\dot{\tilde{v}}_{xi} - \frac{\mathrm{d}f_{xi}\left(\tilde{x}_i - h_{xi}\right)}{\mathrm{d}\left(\tilde{x}_i - h_{xi}\right)}\right) \tag{6-85}$$

$$\dot{\tilde{u}}_{yi} = -k_{i2}\left(\dot{\tilde{v}}_{yi} - \frac{\mathrm{d}f_{yi}\left(\tilde{y}_i - h_{yi}\right)}{\mathrm{d}\left(\tilde{y}_i - h_{yi}\right)}\right) \tag{6-86}$$

$$\dot{\tilde{u}}_{zi} = -k_{i3}\left(\dot{\tilde{v}}_{zi} - \frac{\mathrm{d}f_{zi}\left(\tilde{z}_i - h_{zi}\right)}{\mathrm{d}\left(\tilde{z}_i - h_{zi}\right)}\right) \tag{6-87}$$

将式(6-85)~(6-87)代入式(6-84)中，并且使用条件(6-18)~(6-20)，可以得到以下结论：

$$0 \leqslant \ddot{V}_{i1} \leqslant \tilde{u}_{xi}^2 + \tilde{u}_{yi}^2 + \tilde{u}_{zi}^2 + f_{\theta i}^2\left(\tilde{\theta}_i\right) + f_{\psi i}^2\left(\tilde{\psi}_i\right) + \frac{k_{i1}}{2}\left(\tilde{v}_{yi}^2 + \frac{k_{i1}^2}{16}\right) + \frac{k_{i2}}{2}\left(\tilde{v}_{yi}^2 + \frac{k_{i2}^2}{16}\right) + \frac{k_{i3}}{2}\left(\tilde{v}_{zi}^2 + \frac{k_{i3}^2}{16}\right) + \tilde{\theta}_i^2 + \frac{k_{i4}^2}{16} + \tilde{\psi}_i^2 + \frac{k_{i5}^2}{16} \tag{6-88}$$

也就是说$\dot{V}_{i1}$是一致连续的.根据Barbalat引理[266]，可得

$$\lim_{t\to\infty}\dot{V}_{i1} = 0 \Rightarrow \lim_{t\to\infty}\tilde{v}_{i1} = \lim_{t\to\infty}\tilde{v}_{y1} = \lim_{t\to\infty}\tilde{v}_{z1} = \lim_{t\to\infty}\tilde{\theta}_i = \lim_{t\to\infty}\tilde{\psi}_i = 0 \tag{6-89}$$

定理6.1证明完毕.

6.4 仿真分析

为了说明本章所提出的控制方法适用于多机器人系统，这一部分我们将对含有一个领航机器人和四个跟随机器人的系统在水下三维空间中的运动进行仿真研究，即i=0,1,2,3,4，标号为0的机器人代表领航者.每一个机器人的邻居指标集合分别为：$\aleph_1 = \{0, 4\}$，$\aleph_2 = \{1, 3\}$，$\aleph_3 = \{2\}$，$\aleph_4 = \{3\}$.所有的仿真都是在

MATLAB软件平台上进行的．假设所有机器人均配备螺旋桨，以提供径向推进力、俯仰力矩和偏航力矩．对于该仿真，系统参数的选择如下：

$m_{11i}=25\ \mathrm{kg}$，$m_{22i}=20\ \mathrm{kg}$，$m_{33i}=20\ \mathrm{kg}$，$m_{55i}=2.0\ \mathrm{kg\cdot m^2}$，$m_{66i}=2.5\ \mathrm{kg\cdot m^2}$，$d_{11i}=7\ \mathrm{kg\cdot(m/s)^{-1}}$，$d_{22i}=7\ \mathrm{kg\cdot(m/s)^{-1}}$，$d_{33i}=6\ \mathrm{kg\cdot(m/s)^{-1}}$，$d_{55i}=5\ \mathrm{kg\cdot(m/s)^{-1}}$，$d_{66i}=5\ \mathrm{kg\cdot(m/s)^{-1}}$，$\overline{GM}_{L_i}=1\ \mathrm{m}$.

跟随机器人和领航机器人的初始位置及方向角设定如下：

$$x_1(0)=-20,y_1(0)=10,z_1(0)=1,\theta_1(0)=\frac{\pi}{16},\psi_1(0)=\pi;$$

$$x_2(0)=-10,y_2(0)=10,z_2(0)=1.5,\theta_2(0)=0,\psi_2(0)=\frac{5\pi}{6};$$

$$x_3(0)=-15,y_3(0)=8,z_3(0)=1.2,\theta_3(0)=\frac{\pi}{8},\psi_3(0)=-\frac{2\pi}{3};$$

$$x_4(0)=-12,y_4(0)=9,z_4(0)=1.3,\theta_4(0)=\frac{\pi}{4},\psi_4(0)=0;$$

$$x_0(0)=0,y_0(0)=0,z_0(0)=0,\theta_0(0)=\frac{\pi}{12},\psi_0(0)=\frac{\pi}{6}.$$

跟随机器人与领航机器人之间的期望相对距离分别为$d_{x1}=-7\ \mathrm{m}$，$d_{x2}=7\ \mathrm{m}$，$d_{x3}=-4\ \mathrm{m}$，$d_{x4}=4\ \mathrm{m}$，$d_{y1}=-0.5\ \mathrm{m}$，$d_{y2}=0.5\ \mathrm{m}$，$d_{y3}=-0.8\ \mathrm{m}$，$d_{y4}=0.8\ \mathrm{m}$，$d_{z1}=-0.2\ \mathrm{m}$，$d_{z2}=0.2\ \mathrm{m}$，$d_{z3}=-0.1\ \mathrm{m}$，$d_{z4}=0.1\ \mathrm{m}$.

基于反步法原理，领航机器人能够跟踪到期望轨迹，领航机器人的控制输入具体见参考文献[182]．期望的空间轨迹设定为$[10\cos t, 10\sin t, 0.1t]$．选择$\underline{V}_0=3\ \mathrm{m/s}$，$\overline{V}_0=3.5\ \mathrm{m/s}$和$V_0(0)=3\ \mathrm{m/s}$满足$\underline{V}_0\leqslant V_0\leqslant\overline{V}_0$；选择$b_1=0.2$和$b_2=7.2$．初始控制阶段，分布式控制律的形式为(6-46)～(6-50)，其中$f_{0i}(s)=f_{\psi i}(s)=f_{ui}(s)=f_{qi}(s)=f_{ri}(s)=-0.5(1-\exp(-0.5s))/(1+\exp(-0.5s))$，$i=1,2,3,4$．编队控制阶段，分布式控制律的形式为(6-15)～(6-17)，其中$k_{i1}=k_{i2}=k_{i3}=1$，并且$f_{xi}(s)=f_{yi}(s)=f_{zi}(s)=-2(1-\exp(-0.5s))/(1+\exp(-0.5s))$，$i=1,2,3,4$.

图6.1给出了水下三维空间X-Y-Z坐标系下领航机器人与跟随机器人的运动轨迹．

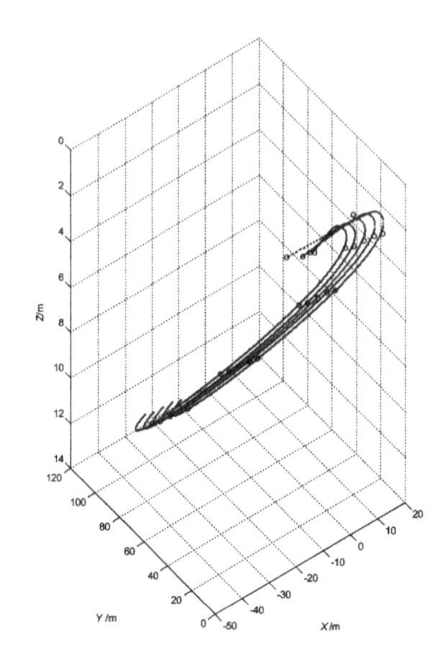

图6.1　X-Y-Z坐标系下领航机器人与跟随机器人运动轨迹

图6.2显示了编队误差信号的变化曲线.

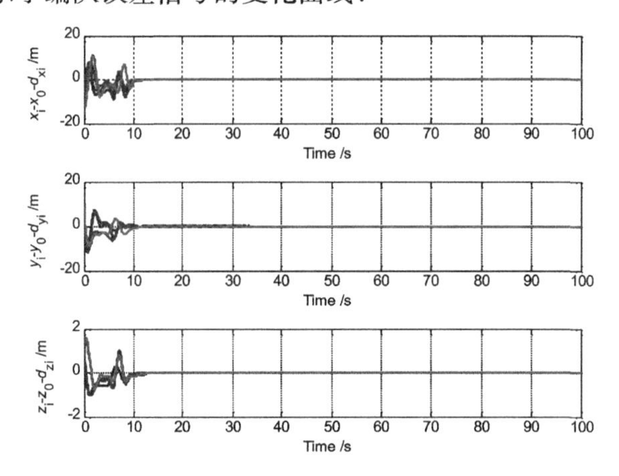

图6.2　编队误差信号曲线

图6.3显示了多机器人的线速度变化趋势.

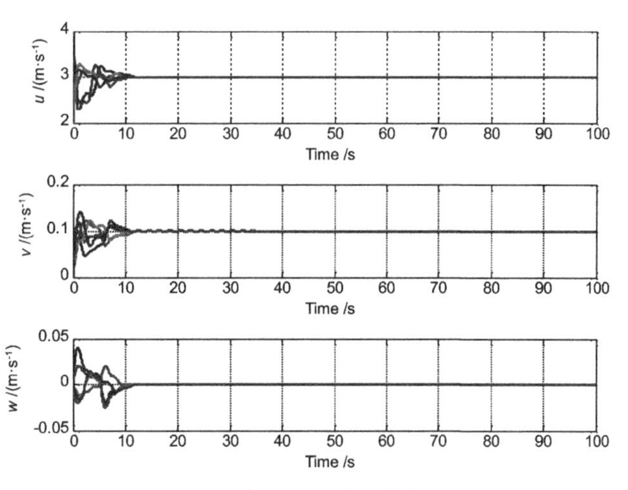

图6.3　多机器人线速度曲线

图6.4给出了多机器人的旋转角速度变化曲线.如图所示,两个跟随机器人都成功地跟踪到了他们相对于领航机器人所需保持的距离和方向角,从而构建了所需的队形结构.

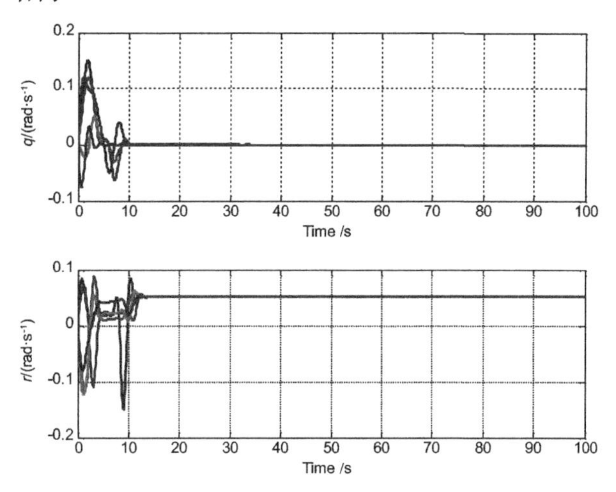

图6.4　多机器人角速度曲线

图6.5显示了跟随机器人的控制力及力矩信号,控制信号保持在合理范围内,防止了执行器的过饱和现象.

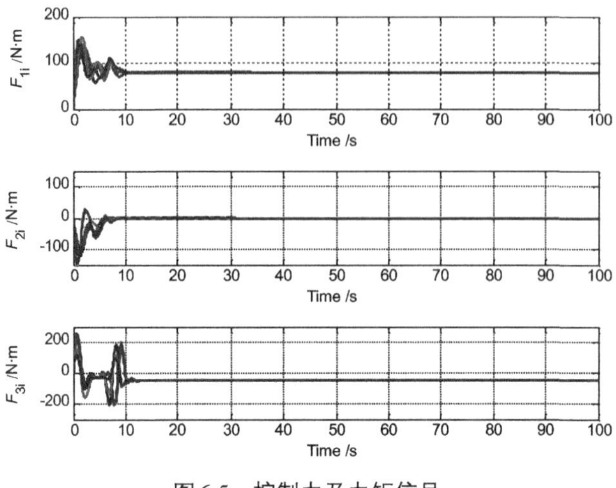

图6.5 控制力及力矩信号

6.5 本章小结

基于非线性小增益方法,我们为多机器人编队系统引入了新的系统稳定控制器.该控制器是在没有全局位置信息的情况下推导出来的,所设计的控制器可以避免多机器人的非完整约束,为实际实施制定了简单的条件.利用所提出的分布式协调控制器,无需假设任何树状网络通信拓扑结构就可以实现编队控制目标.仿真结果表明,该控制器能有效地解决轨迹跟踪与队形保持问题.

后续的工作将扩展提出方法的适用环境,以解决复杂状况下的编队协调控制问题,即在水下三维空间出现严格通信约束条件下的协调控制问题,如时间延迟、能源预算紧张和信道容量降低等状况.

参考文献

[1]蒋新松，封锡盛，王棣棠．水下机器人[M]．沈阳：辽宁科学技术出版社，2000.

[2]曹永辉．复杂环境下自主式水下航行器动力定位技术研究[D]．西安：西北工业大学，2006.

[3]曹江丽．水下机器人路径规划问题的关键技术研究[D]．哈尔滨：哈尔滨工程大学，2009.

[4]孟宪松．多水下机器人系统合作与协调技术研究[D]．哈尔滨：哈尔滨工程大学，2006.

[5] 姜大鹏．多水下机器人协调控制技术研究[D].哈尔滨：哈尔滨工程大学,2011.

[6]FUJITA K, MAKI T, MATSUDA T, et al. Parent-child-based navigation method of multiple autonomous underwater vehicles for an underwater self-completed survey[J]. Journal of Field Robotics, 2022, 39(2):89-106.

[7]CHEN T, QU X, ZHANG Z, et al. Region-searching of multiple autonomous underwater vehicles: a distributed cooperative path-maneuvering control approach [j]. journal of marine science and engineering, 2021, 9(4):355.

[8]CHEN Q , CHEN T , ZHANG Y. Research of GA-based PID for AUV motion control[C]// International Conference on Mechatronics and Automation, IEEE, 2009: 4446-4451.

[9]XIA G , TANG L , GUO F , et al. Design of a hybrid controller for heading control of an autonomous underwater vehicle[C]// IEEE International Conference on Industrial Technology, IEEE, 2009:1-5.

[10]WANG Y , ZHANG M. Research on test-platform and condition monitoring method for AUV[C]// IEEE International Conference on Mechatronics and Automation, IEEE, 2006:1673-1678.

[11] MIYAMAOTO S, AOKI T, MAEDA T, et al. Maneuvering control system design for autonomous underwater vehicle[C]// Oceans,IEEE,2001,1:482-489.

[12]EVERS G , VERVOORT J , ENGELAAR R C , et al. Modeling and simulated control of an under actuated autonomous underwater vehicle[C]// IEEE International Conference on Control and Automation, IEEE, 2011:343-348.

[13]刘军梅，龚朝晖，侯运锋．一种适用于多机器人搜索动态目标的改进粒子群算法[J]．计算机应用研究，2018，35(4)：1046-1051，1061.

[14]赵志刚，王砚麟，李劲松．多机器人协调吊运系统力位姿混合运动稳定性评价方法[J]．哈尔滨工程大学学报，2018，39(1)：148-155.

[15]李勇，李坤成，孙柏青，等．智能体Petri网融合的多机器人：多任务协调框架[J]．自动化学报，2021，47(8)：2029-2049.

[16]蒋家志，刘国．多机器人智能仓储系统中智能调度的研究[J]．机电工程技术，2017，46(9)：82-84，107.

[17]曹翔，孙长银．栅格地图中多机器人协作搜索目标[J]．控制理论与应用，2018，35(3)：273-282.

[18]王巍，浦云明，李旺．一种基于CI因子图的多机器人2D地图融合算法[J]．机器人，2017(6)：872-878.

[19]师五喜，王栋伟，李宝全．多机器人领航：跟随型编队控制[J]．天津工业大学学报，2018，37(2)：72-78.

[20]屈云豪，丁永生，郝矿荣，等．行军启发的多机器人紧密队形保持策略[J]．智能系统学报，2018，13(5)：673-679.

[21]张文安，梁先鹏，仇翔，等．基于激光与RGB-D相机的异构多机器人协作定位[J]．浙江工业大学学报，2019，47(1)：63-69.

[22]韩青，张常亮．Leader-Followers多机器人编队控制方法[J]．机床与液压，2017，45(9)：1-4.

[23]刘冉，曹志强，邓天睿，等．基于超宽带阵列与里程计的多机器人相对定位[J]．电子与信息学报，2022，44：1-9.

[24]丰飞，严思杰，丁汉．大型风电叶片多机器人协同磨抛系统的设计与研

究[J]. 机器人技术与应用, 2018(5):16-24.

[25]刘盛, 陈一彬, 戴丰绩, 等. 空地正交视角下的多机器人协同定位及融合建图[J]. 控制理论与应用, 2018, 35(12):1779-1787.

[26]宋程, 贺昱曜, 雷小康, 等. 基于认知差异的多机器人协同信息趋向烟羽源搜索方法[J]. 控制与决策, 2018, 33(1):45-52.

[27]宋薇, 高原, 沈林勇, 等. 一种基于近场子集划分的多机器人任务分配算法[J]. 机器人, 2021, 43(5):629-640.

[28]仇国庆, 牛婷, 寇倩倩. 基于改进LPSO混合算法的多机器人编队[J]. 科技创新与应用, 2017(7):11-12.

[29]刘彤, 宗群, 刘朋浩, 等. 基于结构持久图和视觉定位的多机器人编队生成与控制[J]. 信息与控制, 2018, 47(3):314-323.

[30]王盈, 李友荣. 多机器人体间动态碰撞检测方法仿真研究[J]. 计算机仿真, 2020, 37(4):335-339.

[31]张兴国, 张柏, 唐玉芝, 等. 多机器人系统协同作业策略研究及仿真实现[J]. 机床与液压, 2017, 45(17):44-51.

[32]王乐乐, 眭泽智, 蒲志强, 等. 一种改进RRT的多机器人编队路径规划算法[J]. 电子学报, 2020, 48(11):2138-2145.

[33]韩飞, 刘付成, 王兆龙, 等. 空间多机器人协同的多视线仅测角相对导航[J]. 航空学报, 2021, 42(1):316-326.

[34]陈志, 邹爱成. 生物启发式神经网络的多机器人协作围捕研究[J]. 电子测量技术, 2021, 44(10):82-90.

[35]陈寅生, 赵文杰, 宋凯, 等. 危险气体泄漏源搜寻多机器人系统的设计与实现[J]. 传感技术学报, 2018, 31(7):1132-1140.

[36]兰虎, 温建明, 邵金均, 等. 大型钢结构多机器人协同焊接控制虚拟仿真实验设计[J]. 实验室研究与探索, 2022, 41(2):202-207,218.

[37]王贺彬, 葛泉波, 刘华平, 等. 面向观测融合和吸引因子的多机器人主动SLAM[J]. 智能系统学报, 2021, 16(2):371-377.

[38]蒋小强, 卢虎, 闵欢. 基于连续—离散MRF图模型的鲁棒多机器人地图融合方法[J]. 机器人, 2020, 42(1):49-59.

[39]王瑜瑜, 刘少军. 水陆两栖异构多机器人系统一致性编队控制的设计仿真[J]. 国外电子测量技术, 2021, 40(10):66-70.

[40]霍耀彦，李宗刚，高溥．基于节点重要度的多机器人分布式巡逻策略[J]．计算机应用研究，2022，39(2)：510-514.

[41]关英姿，刘文旭，焉宁，等．空间多机器人协同运动规划研究[J]．机械工程学报，2019，55(12)：37-43.

[42]高继勋，黄全振，赵媛媛．基于领航跟随的多机器人编队控制方法[J]．中国测试，2021，47(11)：8-13.

[43]孙玉娇，杨洪勇，于美妍．基于领航跟随的多机器人系统有限时间一致性控制研究[J]．复杂系统与复杂性科学，2020，17(4)：66-72.

[44]户晓玲，王健安．一种多机器人分布式编队策略与实现[J]．计算机技术与发展，2019，29(1)：21-25.

[45]陈骏岭，秦小麟，李星罗，等．基于人工势场法的多机器人协同避障[J]．计算机科学，2020，47(11)：220-225.

[46]刘凯，王明孝，吴超辉，等．三维环境中多机器人协同路径规划算法[J]．测绘科学技术学报，2020，37(2)：197-202.

[47]王婧，张弓，郑甲红，等．多机器人优化布局与任务分配的研究综述与展望[J]．机床与液压，2021，49(16)：161-167.

[48]魏秀权，王胜华，蒋启祥，等．多机器人柔性焊接的主从协调运动控制系统设计[J]．电焊机，2021，51(8)：160-163，182-183.

[49]刘继朝，方群．考虑多体耦合的水下机器人控制方法：CN107436605A[P]．2017-12-05.

[50]陈东军．多机构操纵下带缆遥控水下机器人控制与水动力问题研究[D]．广州：华南理工大学，2019.

[51]齐雪．自主水下机器人操纵运动的非线性控制方法研究[D]．哈尔滨：哈尔滨工程大学，2012.

[52]贾鹤鸣，张利军，齐雪，等．基于神经网络的水下机器人三维航迹跟踪控制[J]．控制理论与应用，2012，29(7)：877-883.

[53]贾鹤鸣，张利军，齐雪，等．基于神经网络的水下机器人三维航迹跟踪控制[J]．控制理论与应用，2012，29(7)：56-62.

[54]张利军，齐雪，庞永杰，等．水下机器人自适应输出反馈控制设计[J]．中南大学学报(自然科学版)，2011，42：464-468.

[55]张利军，齐雪，赵杰梅，等．垂直面欠驱动自治水下机器人定深问题的

自适应输出反馈控制[J].控制理论与应用,2012,29(10):131-137.

[56]齐雪,张利军,赵杰梅.Serret-Frenet坐标系下AUV自适应路径跟踪控制[J].系统科学与数学,2016,36(11):1851-1864.

[57]张利军,齐雪,庞永杰,等.水下机器人自适应输出反馈控制设计[C].2011年中国智能自动化会议论文集,2011.

[58]QI X , ZHANG L J , ZHAO J M. Adaptive path following and coordinated control of Autonomous Underwater Vehicles[C]// Control Conference, IEEE, 2014.

[59]ZHANG L J , QI X , PANG Y J. Adaptive output feedback control based on DRFNN for AUV[J]. Ocean Engineering, 2009, 36 (9-10): 716-722.

[60]ZHANG L J , QI X , ZHAO J M , et al. DRFNN-adaptive output feedback controller for depth tracking of AUV[C]// The 30th Chinese Control Conference, 2011: 272-277.

[61]张利军,齐雪,赵杰梅,等.近水面AUV自适应输出反馈控制器设计[J].中国造船,2012,53(2):51-61.

[62]ZHANG L J , JIA H M , QI X. NN-adaptive output feedback for path tracking control of a surface ship at high speed[C]// Joint 48th IEEE Conference on Decision and Control and 28th Chinese Control Conference, 2009: 2869-2874.

[63]ZHANG L J , JIA H M , QI X. NNFFC-adaptive output feedback trajectory tracking control for a surface ship at high speed[J]. Ocean Engineering, 2011, 38 (13): 1430- 1438.

[64]THOMAS C B , JAMES B G , JOSK C , et al. Autonomous Oceanography Sampling Networks[J]. Oceanography, 1993, 6(3):86-94.

[65]RAMP S R , DAVIS R E , LEONARD N E , et al. Preparing to predict: the second autonomous ocean sampling network experiment in the monterey bay[J]. Deep-Sea Research, Part II, 2009, (56):68-86.

[66]FIORELLI E , LEONARD N E , BHATTA P , et al. Multi-auv control and adaptive sampling in monterey bay[J]. IEEE Journal of Oceanic Engineering, 2006, 31(4):935-948.

[67]SEPULCHRE R , PALEY D , LEONARD N E. Graph laplacian and lyapunov design of collective planar motions[J]. International Symposium on Nonliear Theory and its Applications, 2005:217-232.

[68]PALEY D A. Cooperative control of collective motion for ocean sampling-with autonomous vehicles[D]. Princeton University, Ph.D. thesis, 2007.

[69]SCHMIDT H , BALASURIYA A , BENJAMIN M R. Nested autonomy with moos-ivp for interactive ocean observatories[C]// International Conference on Marine Environment and Biodiversity Conservation in the South China Sea. Kaohsiung, Taiwan, 2010:9-17.

[70]EICKSTEDT D P , SIDELEAU S R. The backseat control architecture for autonomous robotic vehicles: a case study with the iver2 AUV[J]. Marine Technology Society Journal, 2009, 44(4):42-54.

[71]SCHNEIDER T , SCHMIDT H. Unified command and control for heterogeneous marine sensing networks[J]. Journal of Field Robotics, 2010:1-14.

[72]GHABCHELOO R , KAMINER I , AGUIAR A P , et al. A general framework for multiple vehicle time-coordinated path following control[C]// American Control Conference, 2009:3071-3076.

[73] PASCOAL A , SILVESTRE C , OLIVEIRA P. Vehicle and mission control of single and multiple autonomous marine robots[J]. IEE Control Engineering Series, 2006, (69):353-386.

[74]XIANG X B, JOUVENCEL B , PARODI O. Coordinated formation control of multiple autonomous underwater vehicles for pipeline inspection[J]. International Journal of Advanced Robotic Systems, 2010, 7(1):75-84.

[75]PRACZYK T , SZYMAK P. Decision system for a team of autonomous underwater vehicles priliminary report[J]. Neurocomputing, 2011, 74:3323-3334.

[76]程斐，陈建平，张良. 日本海洋科学技术中心技术发展现状[J]. 海洋工程，2002，(1)：98-102.

[77]由光鑫. 多水下机器人分布式智能控制技术研究[D]. 哈尔滨：哈尔滨工程大学，2006.

[78]许真珍，李一平，封锡盛. 一个面向异构多AUV协作任务的分层式控制系统[J]. 机器人，2008，30(2)：155-159.

[79]徐红丽，许真珍，封锡盛. 基于局域网的多水下机器人仿真系统设计与实现[J]. 机器人，2005，27(5)：423-425.

[80]袁健，张文霞，周忠海. 全驱动式自主水下航行器有限时间编队控制

[J].哈尔滨工程大学学报, 2014, 35(10):1276-1281.

[81]刘明雍, 杨盼盼, 雷小康, 等.基于信息耦合度的群集式AUV分群控制算法[J].西北工业大学学报, 2014(4):581-585.

[82]赵宁宁, 徐德民, 高剑, 等.基于Serret-Frenet坐标系的多AUV编队路径跟踪控制[J].鱼雷技术, 2015, 23(1):35-39.

[83]吴小平, 冯正平.多AUV覆盖控制研究[J].中国造船, 2009, 50(2):118-127.

[84]CHEN X W , FENG Z P. Formation control of underwater mobile sensing networks [J]. Journal of Shanghai Jiaotong University (Science), 2010, 14(5):590-592.

[85]HU Y , WANG L , LIANG J , et al. Cooperative box-pushing with multiple autonomous robotics fish in underwater environment[J]. IET Control Theory and Applications, 2011, 5(17):2015-2022.

[86]徐玉如, 苏玉民.关于发展智能水下机器人技术的思考[J].舰船科学技术, 2008, 30(4):17-21.

[87]严卫生, 徐德民, 李俊,等.自主水下航行器导航技术[J].火力与指挥控制, 2004, 29(6):11-15,19.

[88]GHABCHELOO R , AGUIAR A P , PASCOAL A , et al. Coordinated path-following in the presence of communication losses and time delays[J]. Siam Journal on Control & Optimization, 2010, 48(1):234-265.

[89]LIANG S , WANG L , YIN G. Distributed quasi-monotone subgradient algorithm for nonsmooth convex optimization over directed graphs[J]. Automatica, 2019, 101: 175- 181.

[90]ZHAO Y , LIU Q. A consensus algorithm based on collective neurodynamic system for distributed optimization with linear and bound constraints[J]. Neural Networks, 2019, 122: 144-151.

[91]PALMA L , SHAI V , ADAM W. Logarithmic communication for distributed optimization in multi-agent systems[J]. Proceedings of the ACM on Measurement and Analysis of Computing Systems, 2019, 3(3): 1-29.

[92]YAN J , GUO F , WEN C , et al. Parallel alternating direction method of multipliers[J]. Information Sciences, 2020, 507: 185-196.

[93]GHABCHELOO R , AGUIAR A P , et al. Coordinated path-following in the

presence of communication losses and time delays[J]. SIAM Journal on Control and Optimization, 2009, 23(2): 321–335.

[94]LIN Z , LIU H. Consensus based on learning game theory with a UAV rendezvous application[J]. Chinese Journal of Aeronautics, 2015, 28(1): 191–199.

[95]ZHU M,MICHAEL O , PRATIK C,et al. Game theoretic controller synthesis for multi-robot motion planning Part I : Trajectory based algorithms[C]// 2014 IEEE International Conference on Robotics & Automation (ICRA), Hong Kong Convention and Exhibition Center,Hong Kong, China,May 31–June 7, 2014.

[96]MENG W , XIAO W , XIE L. An efficient EM algorithm for energy based multisource localization in wireless sensor networks[J]. IEEE Transactions on Instrumentation and Measurement, 2011, 60(3): 1017–1027.

[97]董超伟. 基于量子博弈的多机器人追捕合作策略研究[D]. 合肥:合肥工业大学, 2013.

[98] LI N , MARDEN J R. Designing games for distributed optimization[J]. IEEE Journal of Selected Topics in Signal Processing,2013, 7(2):230–242.

[99]MARDEN J R. State based potential games[J]. Automatica, 2012, 48(12): 3075–3088.

[100]PENG Y , ZHANG Y , HONG Y. Design games to solve distributed optimization problem with application in electric vehicle charge management[C]// Proceedings of the 32nd Chinese Control Conference. 2013: 6873–6878.

[101]HATANO Y , MESBAHI M. Agreement over random networks[J]. IEEE Transactions on Automatic. Control, 2005, 50(11): 1867–1872.

[102]FRIHAUF P , KRSTIC M , BASAR T. Nash equilibrium seeking in noncooperative games[J]. IEEE Transactions on Automatic Control, 2012, 57(5): 1192–1207.

[103]STANKOVIC M S , JOHANSSON K H , STIPANOVIC D M. Distributed seeking of Nash equilibria with applications to mobile sensor networks[J]. IEEE Transactions on Automatic Control,2012,57(4): 904–919.

[104]LOU Y , SHI G , JOHANSSON K H , et al. Convergence of random sleep algorithms for optimal consensus [J]. Systems & Control Letters, 2013, 62(12): 1196–1202.

[105]MENG Z , YANG T , SHI G , et al. Cooperative set aggregation for multiple lagrangian systems[J]. Mathematics, 2014, 1402.2634.

[106]CHENG D , QI H , ZHAO Y. An introduction to semi-tensor product of matrices and its applications[M]. World Scientific, 2012:2-35.

[107]CHENG D. On finite potential games[J]. Automatica, 2014, 50(7): 1793-1801.

[108]CHENG D, XU T, QI H. Evolutionarily stable strategy of networked evolutionary games[J]. IEEE Transactions on Neural Networks & Learning Systems, 2014, 25(7): 1335-1345.

[109]GUO P , WANG Y , LI H. Algebraic formulation and strategy optimization for a class of evolutionary networked games via semi-tensor product method[J]. Automatica, 2013, 49(11): 3384-3389.

[110]RUI L , MENG Y , CHU T. Synchronization design of boolean networks via the semi-tensor product method[J]. IEEE Transactions on Neural Networks & Learning Systems, 2013, 24(6): 996.

[111]CHENG D , QI H , LI Z. Controllability and observability of boolean control networks[J]. Automatica, 2009, 45(7): 1659-1667.

[112]ZHANG L , ZHANG K. Controllability and observability of boolean control networks with time-variant delays in states[J]. IEEE Transaction on Neural Networks and Learning Systems, 2013, 24(9): 1478-1484.

[113]TARNITA C E , ANTAL T , OHTSUKI H , et al. Evolutionary dynamics in set structured populations[J]. Proceedings of the National Academy of Sciences of the United States of America, 2009, 106(21): 8601-8604.

[114]DU L , HAN L , LI X Y. Distributed coordinated in-vehicle online routing using mixed-strategy congestion game[J]. Transportation Research Part B Methodological, 2014, 67(3): 1-17.

[115]ZHANG J , QI D , ZHAO G. A new game model for distributed optimization problems with directed communication topologies[J]. Neurocomputing, 2015, 148 (148): 278-287.

[116]洪奕光，张艳琼．分布式优化：算法设计和收敛性分析［J］．控制理论与应用，2014（7）：850-857.

[117]尹逊和，樊雪丽，白霞，等. 存在信道噪声和随机丢包的多机器人协调控制[J]. 电机与控制学报，2014，18(10):112-120.

[118]周峰，吴炎烜. 基于有向网络的一致性跟踪算法[J]. 自动化学报，2015，41(1):180-185.

[119]张瑞雷，李胜，陈庆伟. 车式移动机器人动态编队控制方法[J]. 机器人，2013，35(6):651-656.

[120]翟光，张景瑞，周至成. 基于集群空间机器人的合作目标协同定位技术[J]. 北京理工大学学报，2014，34(10):1034-1039.

[121]胡光兰. 多AUV联合执行反水雷任务[J]. 水雷战与舰船防护，2014(4):62-64.

[122]BENDA M , JAGANNATHAN V , DODHIAWALLA R. On optimal cooperation of knowledge sources[C]// Technical Report BCS-G2010-28, Boeing AT(Advanced Technology) Center, Boeing Computer Services, Bellevue, Seattle, WA, Auguest 1985.

[123]DENZINGER J. Knowledge-based distributed search using teamwork[C]// Lesser (Ed.), Proceedings of the First International Conference on Multi-Agent Systems, San Francisco, CA, MIT Press, Cambridge, May 1995: 81-88.

[124]LAVALLE S M , LIN D , GUIBAS L J , et al. Finding an unpredictable target in a workspace with obstacles[C]// IEEE International Conference Robot & Automation, Albuquerque(USA), 1997: 662- 668.

[125]SIMOV B H , SLUTZKI G , LAVALLE S M. Pursuit-evasion using beam detection[C]// IEEE International Conference on Robotics & Automation, San Francisco, USA, 2000:1102-1108.

[126]王月海. 基于对策论的机器人部队追捕问题研究[D]. 哈尔滨:哈尔滨工业大学，2004.

[127]苏治宝，陆际联，童亮. 一种多移动机器人协作围捕策略[J]. 北京理工大学学报. 2004，24(5)：403-406.

[128]ZHOU P C , HONG B R , WANG Y H. Multi-robot cooperative pursuit under dynamic environment[J]. Robot, 2005, 7(4): 289-295.

[129]ZHOU P C , HONG B R , WANG Y H , et al. Multi-agent cooperative pursuit based on extended contract net protocol[C]// New York, United States: IEEE,

2004: 169-173.

[130]Wang H, DONG C W , FANG B F. A novel multi pursuers-one evader game based on quantum game theory[J]. Information Technology Journal, 2013, 12 (12): 2358-2365.

[131]SARAPURA J A , ROBERTI F , CARELLI R. Adaptive 3D visual servoing of a scara robot manipulator with unknown dynamic and vision system parameters [J]. Automation, 2021,2(3): 127-140.

[132]邵伟伟.融合2D激光雷达与双目视觉的机器人路径规划研究及应用［D］.马鞍山:安徽工业大学, 2019.

[133]CHEN J , YIN B , WANG C , et al. Bioinspired closed-loop cpg-based control of a robot fish for obstacle avoidance and direction tracking[J]. Journal of Bionic Engineering, 2021, 18(1): 171-183.

[134]LV J , QU C , DU S , et al. Research on obstacle avoidance algorithm for unmanned ground vehicle based on multi-sensor information fusion[J]. Mathematical Biosciences and Engineering, 2021, 18(2): 1022-1039.

[135]GE S S , CUI Y J. New potential functions for mobile robot path planning [J]. IEEE Transactions on Robotics and Automation, 2000, 16(5): 615-620.

[136]刘春阳, 程亿强, 柳长安.基于改进势场法的移动机器人避障路径规划［J］.东南大学学报(自然科学版), 2009, 39(1): 116-120.

[137]于振中, 李强, 樊启高.智能仿生算法在移动机器人路径规划优化中的应用综述［J］.计算机应用研究, 2019(11): 3210-3219.

[138]ABDI A, ADHIKARI D , PARK J H. A novel hybrid path planning method based on q-learning and neural network for robot arm[J]. Applied Sciences, 2021, 11 (15): 6770-6777.

[139]IMRANE M L,MELINGUI A,MVOGO A,et al,MERZOUKI R. Artificial potential field neuro-fuzzy controller for autonomous navigation of mobile robots[J]. Proceedings of the Institution of Mechanical Engineers,2021,235(7):1179-1192.

[140]LI S , ZHAO G , YUE W. Research on path planning for mobile robot based on improved ant colony algorithm[J]. Journal of Physics,2021,2026(1):12-16.

[141]曹婷婷.基于距离标识栅格的机器人避障运动规划研究［D］.大连:大连理工大学, 2019.

[142]甘新基. 基于Bézier曲线的差速驱动机器人混合避障路径规划算法[J]. 吉林大学学报(理学版), 59(4):943-949.

[143]金兆远. 移动机器人局部路径规划及其无盲区避障研究[D]. 南昌:南昌大学, 2019.

[144]王杰. 多AUV围捕决策与行为协同控制研究[D]. 哈尔滨:哈尔滨工程大学, 2018.

[145]ZAKHAR E A , MATVEEV A S , HOY M , et al. A strategy for target capturing with collision avoidance for non-holonomic robots with sector vision and range-only measurements[C]// IEEE International Conference on Control Applications,2012: 1503-1508.

[146]KIM J , LEE H C , LEE B H. Multi-robot enclosing formation for moving target capture[C]// IEEE/SICE International Symposium on System Integration,2011: 567-572.

[147]RUIZ U , MURRIETA C R , MARROQUIN J L. Time-optimal motion strategies for capturing an omni directional evader using a differential drive robot[J]. IEEE Transactions on Robotics, 2013, 29(5): 1180-1196.

[148]SAYYAADI H , SABET M T. Nonlinear dynamics and control of a set of robots for hunting and coverage missions[J]. International Journal of Dynamics and Control, 2014, 2(4): 555-576.

[149]LIU F , NARAYANAN A. Collision avoidance and swarm robotic group formation[J]. International Journal of Advanced Computer Science, 2014, 4(2): 64-70.

[150]CAO Z Q, ZHOU C , CHENG L , et al. A distributed hunting approach for multiple autonomous robots[J]. International Journal of Advanced Robotic Systems, 2013, 10(4): 1-8.

[151]CAI Z S , ZHAO J , CAO J. Formation control and obstacle avoidance for multiple robots subject to wheel-slip[J]. International Journal of Advanced Robotic Systems, 2012, 9(5): 1-15.

[152]AN Y , LI S , DA L. Multiple robotic fish's target search and cooperative hunting strategies[J]. TELKOMNIKA Indonesian Journal of Electrical Engineering, 2014, 12(1): 186-196.

[153]黄健飞. 基于车间通信的车辆防碰撞编队控制算法研究[D]. 长春：吉林大学, 2019.

[154]CHEN S. A cooperative hunting algorithm of multi-robot based on dynamic prediction of the target via consensus-based kalman filtering[J]. Journal of Information & Computational Science, 2015, 12(4): 1557-1568.

[155]YONG S , LI Y , LI C , et al. Mathematical modeling and analysis of multi-robot cooperative hunting behaviors[J]. Journal of Robotics, 2015, 2015: 1-8.

[156]CHEN S , GENG S , HUA Y,et al. Distributed hunting control algorithm based on topology[C]. IEEE Control and Decision Conference,2015:5899-5903.

[157]COQUET C , ARNOLD A , BOUVET P J. Control of a robotic swarm formation to track a dynamic target with communication constraints: analysis and simulation[J]. Applied Sciences, 2021, 11(7): 3179-3179.

[158]LIU Y Y , CHE W W , DENG C. Dynamic output feedback control for networked systems with limited communication based on deadband event-triggered mechanism[J]. Information Sciences, 2021, 578: 817-830.

[159]YU Z , ZHANG Y , JIANG B , et al. Distributed adaptive fault-tolerant time- varying formation control of unmanned airships with limited communication ranges against input saturation for smart city observation[J]. IEEE Transactions on Neural Networks and Learning Systems, 2021,7(20): 103-110.

[160]ISSA S A , KAR I. Design and implementation of event-triggered adaptive controller for commercial mobile robots subject to input delays and limited communications[J]. Control Engineering Practice, 2021, 114: 136-145.

[161]LI Y , JIA L , JI Y , et al. Event-triggered guaranteed cost control of time-varying delayed fuzzy systems with limited communication[J]. Measurement and Control, 2020, 53 (9-10): 2129-2136.

[162]EBEL H , EBERHARD P. A comparative look at two formation control approaches based on optimization and algebraic graph theory[J]. Robotics and Autonomous Systems, 2021, 136: 103-686.

[163]XIANG X , LAPIERRE L , CHAO L , et al. Path tracking: Combined path following and trajectory tracking for autonomous underwater vehicles[C]// IEEE/RSJ International Conference on Intelligent Robots and Systems,2011: 3558-3563.

[164]BORHAUG E , PAVLOV A V , PANTELEY E , et al. Straight line path following for formations of underactuated marine surface vessels[J]. IEEE Transactions on Control Systems Technology, 2011, 19 (3): 493–506.

[165]LILJEBACK P , HAUGSTUEN I U , PETTERSEN K Y. Path following control of planar snake robots using a cascaded approach[J]. IEEE Transactions on Control Systems Technology, 2012, 20 (1): 111–126.

[166]LIU Z Y , QIAO H , XU L. An extended path following algorithm for graph- matching problem[J]. IEEE Transactions on Pattern Analysis & Machine Intelligence, 2012, 34 (7): 1451–1456.

[167]DINH Q T , NECOARA I , SAVORGNAN C , et al. An inexact perturbed path- following method for Lagrangian decomposition in large-scale separable convex optimization[J]. Siam Journal on Optimization, 2013, 23 (1): 95–125.

[168]ALESSANDRETTI A , AGUIAR A P , JONES C N. Trajectory-tracking and path- following controllers for constrained underactuated vehicles using Model Predictive Control[C]// Control Conference, EUCA, 2013: 1371–1376.

[169]FOSSEN T I , PETTERSEN K Y , GALEAZZI R. Line-of-sight path following for Dubins paths with adaptive side slip compensation of drift forces[J]. IEEE Transactions on Control Systems Technology, 2015, 23 (2): 820–827.

[170]KAMINER I , YAKIMENKO O , DOBROKHODOV V , et al. Coordinated path following for time-critical missions of multiple UAVs via L1 adaptive output feedback controllers [C]// AIAA Guidance, Navigation and Control Conference and Exhibit, 2015: 281–286.

[171]FAULWASSER T , FINDESISEN R. Nonlinear model predictive control for constrained output path following[J]. IEEE Transactions on Automatic Control, 2016, 61 (4): 1026–1039.

[172]LORIA A , DASDEMIR J , JARQUIN N A. Leader-follower formation and tracking control of mobile robots along straight paths[J]. IEEE Transactions on Control Systems Technology, 2016, 24 (2): 727–732.

[173]MARIOTTINI G L , PAPPAS G , PRATTICHIZZO D , et al. Vision-based localization of leader-follower formations[C]// European Control Conference Cdc-ecc 05 IEEE Conference on Decision & Control,IEEE, 2005: 635–640.

[174]ASKARI A,MORTAZAVI M,TALEBI H A. UAV formation control via the virtual structure approach[J]. Journal of Aerospace Engineering,2015,28 (1): 40–47.

[175]RUCHTI J , SENKBEIL R , CARROLL J , et al. Unmanned aerial system collision avoidance using artificial potential fields[J]. Journal of Aerospace Information Systems, 2015, 11 (3): 140–144.

[176]LI H , KARRAY F , BASIR O , et al. An optimization algorithm for the coordinated hybrid agent framework[J]. International Journal of Robotics & Automation, 2010, 25 (1): 1730–1735.

[177]ANTONELLI G , ARRICHIELLO F , CACCAVALE F , et al. Decentralized time– varying formation control for multi–robot systems[J]. International Journal of Robotics Research, 2014, 33 (7): 1029–1043.

[178]XU D , ZHANG X , ZHU Z , et al. Behavior–based formation control of swarm robots[J]. Mathematical Problems in Engineering, 2014 (1): 1214–1225.

[179]GAO Q , PANG Y , DONG H L V. Simulation on behavior–based formation control of multi–robot[J]. Automation & Instrumentation, 2012.

[180]GHABCHELOO R , AGUIAR A P , PASCOAL A , et al. Coordinated path–following in the presence of communication losses and time delays[J]. Siam Journal on Control & Optimization, 2009, 48 (1): 234–265.

[181]BAI J , WEN G , RAHMANI A , et al. Distributed formation control of fractional–order multi–agent systems with absolute damping and communication delay[J]. International Journal of Control Automation & Systems, 2017, 15 (1): 85–94.

[182]JIA H M. Study of spatial target tracking nonlinear control of underactuated UUV based on backstepping[D]. A Dissertation for the Degree of D.Eng, Harbin Engineering University, 2012.

[183]LAPIERRE L , JOUVENCEL B. Nonlinear path–following control of an AUV[J]. Ocean Engineering, 2007, 34(11–12):1734–1744.

[184]TAKAHASHI H , NISHI H , OHNISHI K. Autonomous decentralized control for formation of multiple mobile robots considering ability of robot[J]. IEEE Transactions on Industrial Electronics, 2004, 51 (6): 1272–1279.

[185]LEWIS M A , TAN K H. High precision formation control of mobile robots using virtual structures[J]. Autonomous Robot, 1997, 4 (4): 387–403.

[186]JIAN C , SUN D , YANG J , et al. Leader-follower formation control of multiple non-holonomic mobile robots incorporating a receding-horizon scheme[J]. International Journal of Robotics Research, 2010, 29(6):727-747.

[187]YAMAGUCHI H. A distributed motion coordination strategy for multiple nonholonomic mobile robots in cooperative hunting operations[J]. Robotics & Autonomous Systems, 2003, 43(4):257-282.

[188]DONG W , FARRELL J A. Cooperative control of multiple nonholonomic mobile agents[J]. IEEE Transactions on Automatic Control, 2008, 53(6):1434-1448.

[189]DONG W , FARRELL J A. Decentralized cooperative control of multiple nonholonomic dynamic systems with uncertainty[J]. Automatica, 2009, 45(3): 706-710.

[190]SUN D , WANG C , SHANG W , et al. Synchronization approach to multiple mobile robots in switching between formations[J]. IEEE Transactions on Robot, 2009, 25 (5): 1074-1086.

[191]CONSOLINI L , MORBIDI F , PRATTICHIZZO D , et al. Leader-follower formation control of nonholonomic mobile robots with input constraints[J]. Automatica, 2008, 44 (5): 1343-1349.

[192]DAS A K , FIERRO R , KUMAR R V , et al. A vision based formation control framework[J]. IEEE Transactions on Robotics and Automation, 2002, 18 (5): 813-825.

[193]HU J , GANG F. Distributed tracking control of leader follower multi-agent systems under noisy measurement[J]. Automatica, 2010, 46 (8): 1382-1387.

[194]WANG P. Navigation strategies for multiple autonomous mobile robots moving in formation[J]. Journal of Robotic Systems, 1989, 8 (2): 486-493.

[195]EGERSTEDT M , HU X. Formation constrained multi-agent control[J]. IEEE Transactions on Robotics and Automation, 2001, 4 (6): 3961-3966.

[196] JIAN Y , ZHOU Z H , ZHANG W X. A feedback linearization based leader-follower optimal formation control for autonomous underwater vehicles[J]. Advances in Computer Science and its Applications, 2012, 1 (1): 45-48.

[197]JING G , LIN Z , MING C , et al. Adaptive leader-follower formation control for autonomous mobile robots[C]// 2010 American Control Conference, 2010, (8):

6822- 6827.

[198]PEYMANI E , FOSSEN T I. Leader–follower formation of marine craft using constraint forces and lagrange multipliers[C]// 51st IEEE Conference on Decision and Control, 2012, 23 (1): 2447–2452.

[199]XIANG X , JOUVENCEL B , PARODI O. Coordinated formation control of multiple autonomous underwater vehicles for pipeline inspection[J]. International Journal of Advanced Robotic Systems, 2010, 7 (1): 75–84.

[200]GHABCHELOO R , AGUIAR A P , PASCOAL A , et al. Coordination path–following in the presence of communication losses and time delays[J]. Siam Journal on Control and Optimization, 2009, 48 (1): 234–262.

[201]FIORENTINI L , SERRANI A , BOLENDER M A , et al. Nonlinear robust adaptive control of flexible air–breathing hypersonic vehicles[J]. Journal of Guidance, Control, and Dynamics, 2009, 32 (2): 402–417.

[202]FIORENTINI L , SERRANI A , BOLENDER M A , et al. Robust nonlinear sequential loop closure control design for an air–breathing hypersonic vehicle model [C]// American Control Conference, 2008: 3458–3463.

[203]FARRELL J A , POLYCARPOU M , SHARMA M , et al. Command filtered backstepping[J]. IEEE Transactions on Automatic Control, 2009, 54 (6): 1391–1395.

[204]DJAPIC V,FARRELL J,DONG W. Land vehicle control using a command filtered backstepping approach[C]// American Control Conference,2008:2461–2466.

[205]FARRELL J A , POLYCARPOU M , SHARMA M , et al. Command filtered backstepping[C]// American Control Conference, 2008:1923–1928.

[206]GHOMMAM J , SAAD M. Backstepping–based cooperative and adaptive tracking control design for a group of underactuated AUVs in horizontal plan[J]. International Journal of Control, 2014, 87 (5): 1076–1093.

[207]LI J H , LEE P M , JUN B H , et al. Point–to–point navigation of underactuated ships[J]. Automatica, 2008, 44 (12): 3201–3205.

[208]FOSSEN T I. Marine Control [M]. Marine Cybernetics, Trondheim, Norway, 2002.

[209]DO K D. Control of ships and underwater vehicles : design for underactu-

ated and nonlinear marine systems[M]. Springer, 2009.

[210]SHAH K , SCHWAGER M. Multi-agent Cooperative Pursuit-Evasion Strategies Under Uncertainty[M]. Generalized Models and Non-classical Approaches in Complex Materials 2, 2019.

[211]QI X , XIANG P. Coordinated path following control of multiple underactuated underwater vehicles[C]// Proceedings of the 37th Chinese Control Conference, 2018: 6633-6638.

[212]QI X. Coordinated control for multiple underactuated underwater vehicles with time delay in game theory frame[C]、、Proceedings of the 36th Chinese Control Conference, 2017: 8419- 8424.

[213]KHAN A , RINNER B , CAVALLARO A. Cooperative robots to observe moving targets: review[J]. IEEE Transactions on Cybernetics, 2017, 48(1): 187-198.

[214]WAN S , LU J , FAN P. Semi-centralized control for multi robot formation [C]// International Conference on Robotics & Automation Engineering, IEEE, 2018.

[215]BOUBOU S , ASL H J , NARIKIYO T , et al. Real-time recognition and pursuit in robots based on 3D depth data[J]. Journal of Intelligent and Robotic Systems, 2018, (6):1-14.

[216]MURRAY R M. Recent research in cooperative control of multivehicle systems[J]. Transactions of the ASME Journal of Dynamic Systems, Measurement, and Control, 2007, 129(5): 571-598.

[217]ZHANG P , YANG T. Formation path-following of multiple underwater vehicles based on fault tolerant control and port-controlled hamiltonian systems[C]// The 30th Chinese Control and Decision Conference, 2018.

[218]LIU T F , JIANG Z P. Cyclic-small-gain method for distributed nonlinear control[J]. Control theory and applications, 2014, 31(7): 890-900.

[219]DURR H B , STANKOVIC M S , JOHANSSON K H. Distributed positioning of autonomous mobile sensors with application to coverage control[C]// American Control Conference, 2011: 12-18.

[220]ZHU M , OTTE M , CHAUDHARI P , et al. Game theoretic controller synthesis for multi-robot motion planning Part Ⅰ : Trajectory based algorithms[C]// Proceedings-IEEE International Conference on Robotics and Automation, 2014: 1-7.

[221]ZHANG D , LI J , HUI D. Coordinated control for voltage regulation of distribution network voltage regulation by distributed energy storage systems[J]. Protection & control of modern power systems, 2018, 3(1):3.

[222]ZUHAIR Q M , SONGHAO P , JIANG H , et al. A novel approach for multi-agent cooperative pursuit to capture grouped evaders[J]. The Journal of Supercomputing, 2018:1-11.

[223]GALLOWAY K S , DEY B. Beacon-referenced mutual pursuit in three dimensions[C]// IEEE 2018 Annual American Control Conference (ACC), 2018: 62-67.

[224]KHAN A , RINNER B , CAVALLARO A . Cooperative robots to observe moving targets:review[J]. IEEE Transactions on Cybernetics, 2017, 48(1): 187-198.

[225]CHEN M , ZHU D. A novel cooperative hunting algorithm for inhomogeneous multiple autonomous underwater vehicles[J]. IEEE Access, 2018, 6(99): 7818-7828.

[226]QI X , XIANG P , CAI Z J. Three-dimensional consensus control based on learning game theory for multiple underactuated underwater vehicles[J]. Ocean Engineering, 2019, 188: 106-201.

[227]QI X , CAI Z J. Three-dimensional formation control based on nonlinear small gain method for multiple underactuated underwater vehicles[J]. Ocean Engineering, 2018, 151:105-114.

[228]QI X , CAI Z J. Three-dimensional formation control based on filter backstepping method for multiple underactuated underwater vehicles[J]. Robotica, 2017, 35(8): 1690-1711.

[229]ZHAO Y , LI Z , CHENG D. Optimal control of logical control networks[J]. IEEE Transactions on Automatic Control, 2011, 56(56): 1766-1776.

[230]CHENG D , ZHAO Y , XU X. Mix-valued logic and its applications[J]. Journal of Shandong University (Natural Science), 2011, 46(10): 32-44.

[231]KURIKI Y , NAMERIKAWA T . Formation control with collision avoidance for a Multi-UAV system using decentralized MPC and consensus-based control [J]. SICE Journal of Control, Measurement, and System Integration, 2015, 8.

[232]FALCONI R , SABATTINI L , SECCHI C , et al. Edge-weighted consensus-based formation control strategy with collision avoidance[J]. Robotica,

2015, 33(02):332-347.

[233]CHEN T , HAO W , HU H , et al. Output consensus and collision avoidance of a team of flexible spacecraft for on-orbit autonomous assembly[J]. Acta Astronautica, 2016, 121: 271-281.

[234]LI K , JI H , HE S. Sufficient conditions for input-to-state stability of spacecraft rendezvous problems via their exact discrete-time model[C]// International Conference on Intelligent Robotics and Applications. Springer International Publishing, 2015.

[235]MA Y K , JI H B. Robust control for spacecraft rendezvous with disturbances and input saturation[J]. International Journal of Control, Automation and Systems, 2015, 13(2):353-360.

[236]LEE B H , AHN H S. Distributed estimation for the unknown orientation of the local reference frames in N-dimensional space[C]// International Conference on Control, 2016.

[237]ROSENSCHEIN J S. Rational interaction: cooperation among intelligent agents[D]. USA: Computer Science Department, Stanford University, 1985.

[238]MO L , XU B. Coordination mechanism based on mobile actuator design for wireless sensor and actuator networks[J]. Wireless Communications and Mobile Computing, 2015, 15(8):1274-1289.

[239]ZHANG Z , ZHAO D , GAO J , et al. FMRQ-A multiagent reinforcement learning algorithm for fully cooperative tasks[J]. IEEE Transactions on Cybernetics, 2016:1-13.

[240]TATARENKO T. 1-recall reinforcement learning leading to an optimal equilibrium in potential games with discrete and continuous actions[C]// IEEE Conference on Decision & Control, IEEE, 2015.

[241]TURNWALD A , WOLLHERR D. Human-like motion planning based on game theoretic decision making[J]. International Journal of Social Robotics, 2018: 1-20.

[242]ALINAGHIAN M , GHAZANFARI M , NOROUZI N , et al. A novel model for the time dependent competitive vehicle routing problem: modified random topol-

ogy particle swarm optimization[J]. Networks & Spatial Economics, 2017, 17(4):1-27.

[243]LIN Z , LIU H T . Consensus based on learning game theory with a UAV rendezvous application[J]. Chinese Journal of Aeronautics, 2015, 28(1):191-199.

[244]RUI Y , PROBST I , MANSOURS A , et al. Underwater vehicle modeling and control application to Ciscrea robot[C]// Quantitative Monitoring of Underwater Environment, 2015.

[245]YU Y Y , FENG J E , PAN J F. Ordinal potential game and its application in agent wireless networks[J]. Control & Decision, 2017, 32(3):393-402.

[246]QUANG D L , CHEW Y H , SOONG B H. Potential game theory: applications in radio resource allocation[M]. Springer Publishing Company, Incorporated, 2016.

[247]DI L , YU T , LABEAU F , et al. Internet of vehicles for e-health applications: a potential game for optimal network capacity[J]. IEEE Systems Journal, 2017, 11(3):1888-1896.

[248]CHENG D , WANG Y , LIU T. A survey on potential evolutionary game and its applications[J]. Journal of Control & Decision, 2015, 2(1):26-45.

[249]ZAZO S , MACUA S V , SANCHEZ F M , et al. Dynamic potential games with constraints: fundamentals and applications in communications[J]. IEEE Transactions on Signal Processing, 2016, 64(14):3806-3821.

[250]LIU T F , JIANG Z P. Distributed formation control of nonholonomic mobile robots without global position measurements[J]. Automatica,2013,49: 592-600.

[251]MONDERER D , SHAPLEY L S. Potential Games[J]. Games & Economic Behavior, 1996, 14(1):124-143.

[252]FOSSEN T I , PETTERSEN K Y , GALEAZZI R. Line-of-Sight path following for Dubins paths with adaptive sideslip compensation of drift forces[J]. IEEE Transactions on Control Systems Technology, 2015, 23(2):820-827.

[253]CAHARIJA W , PETTERSEN K Y , BIBULI M , et al. Integral line-of-sight guidance and control of underactuated marine vehicles: theory, simulations, and experiments[J]. IEEE Transactions on Control Systems Technology, 2016, 24(5): 1623-1642.

[254]BALCH T , ARKIN R C. Behavior-based formation control for multirobot teams[J]. IEEE Trans. on Robotics and Automation, 1999, 14(6), 926-939.

[255]LEWIS M A , TAN K H. High precision formation control of mobile robots using virtual structures[J]. Autonomous Robot, 1997, 4 (4): 387-403.

[256]BEARD R , LAWTON J , HADAEGH F. A coordination architecture for space-craft formation control[J]. IEEE Trans. on Control Systems Technology, 2001, 9(6): 777-790.

[257]CHEN J , SUN D , YANG J , et al. Leader-follower formation control of multiple non-holonomic mobile robots incorporating a receding-horizon scheme[J]. International Journal of Robotics Research, 2010, 29(6):727-747.

[258]LUCA C , FABIO M , DOMENICO P , et al. Leader-follower formation control of nonholonomic mobile robots with input constraints[J]. Automatica, 2008, 44 (5): 1343-1349.

[259]DAS A,FIERRO R , KUMAR V , OSTROWSKI J , et al. A vision-based formation control framework[J]. IEEE Trans. on Robotics and Automation,2002,18: 813-825.

[260]HIROAKI Y. A distributed motion coordination strategy for multiple non-holonomic mobile robots in cooperative hunting operations[J]. Robotics and Autonomous Systems, 2003, 43: 257-282.

[261]FAX J A , MURRAY R M. Information flow and cooperative control of vehicle formations[J]. IEEE Trans. on Automatic Control, 2004, 49: 1465-1476.

[262]JADBABAIE A , LIN J , MORSE A S. Coordination of groups of mobile autonomous agents using nearest neighbor rules[J]. IEEE Trans. on Automa. control. 2004, 48: 988-1001.

[263]LEONARD N E , FIORELLI E . Virtual leaders, artificial potentials and coordinated control of groups[C]// IEEE Conference on Decision & Control, 2001: 2968-2973.

[264]PENG Z , WANG D , LAN W , et al. Decentralized cooperative control of autonomous surface vehicles with uncertain dynamics : A dynamic surface approach [J]. IEEE, 2011: 2174-2179.

[265]JIANG Z P , WANG Y . A generalization of the nonlinear small-gain theorem for large-scale complex systems[C]// World Congress on Intelligent Control & Automation, IEEE, 2008: 1188-1193.

[266]KHALIL H K. Nonlinear systems (3rded.)[M]. NJ:Prentice-Hall, 2001.

后　记

路径跟踪与协调控制有机结合的想法源于笔者在博士研究生期间的研究课题，经过多年的学习与积累，终于完成了本书的写作.博士研究生期间，基于由浅入深、由简入繁的学习规律，先研究了单个机器人的定点控制问题、浮潜操纵问题、路径跟踪问题，以及海浪强干扰下的系统稳定性问题.鉴于单个机器人在工作效率上的局限性，又进行了多机器人编队协调控制问题的研究，从路径规划、控制机制、控制效果等方面进行多种方法的学习和比较、综合与创新.在此基础上，以智能体水下机器人为研究对象，充分考虑到水下环境的强干扰性，通信约束的限制，多机器人运动系统的强非线性、耦合性、欠驱动性、不确定性以及避碰、路径规划、高效协调、节能环保等问题，基于先进的协调控制理论研究了多智能体协调控制问题及其应用.

本书的出版要感谢的人很多，感谢我的导师在百忙之中对本书的核心理论部分进行指导，感谢我的工作单位——安徽科技学院信息与网络工程学院全力支持我的科研工作，感谢同事们的鼓励和帮助，感谢家人的理解和陪伴.本书得到2021年度安徽省高校自然科学研究重点项目“博弈论框架下多机器人动态避障及围捕控制研究”（编号KJ2021A0894）和安徽科技学院2018年中青年学科带头人项目资助，在此真诚地感谢安徽科技学院科研处、人事处以及安徽师范大学出版社对本书出版所给予的热忱支持和帮助！

由于作者水平有限，书中难免会出现错误、遗漏、表述不当等问题，恳请广大读者批评指正.